VERLAG ANTJE
KUNSTMANN

HERMANN FISCHER
HORST APPELHAGEN

CHEMIEWENDE

Von der intelligenten Nutzung
natürlicher Rohstoffe

Verlag Antje Kunstmann

Umschlaggestaltung: Heidi Sorg und Christof Leistl, München
Typografie und Satz: frese-werkstatt.de
Druck und Bindung: Pustet, Regensburg
ISBN 978-3-95614-173-7

INHALT

VORWORT

Die Umstellung unseres Wirtschaftssystems auf biogene – also erneuerbare – Grundlagen ist viel mehr als eine neue Variante der Ökonomie. Tatsächlich geht es um einen radikalen – das heißt: an den stofflichen und prozessualen Wurzeln unseres Wirtschaftens ansetzenden – Wandel, der in seiner umwälzenden Bedeutung vergleichbar ist mit anderen großen Veränderungen in der Menschheitsgeschichte, wie etwa der industriellen Revolution.

Nachdem über hundertfünfzig Jahre lang fossile Grundstoffe wie Kohle, Teer und später Erdöl als Leitsubstanzen unserer Technologie- und Wirtschaftsentwicklung dienten, gewinnt die Abkehr von diesen erschöpfbaren Rohstoffen erkennbar an Dynamik, und die Umrisse eine postfossilen Ökonomie werden immer deutlicher erkennbar. Das gilt nicht nur für die Energieerzeugung, sondern auch bei den Stoffen. Die Chemiewende ist eine schlüssige Parallele zur Energiewende – und sie kann besser geplant und organisiert werden als jene.

In der Menschheitsgeschichte waren umwälzende Änderungen bei den prägenden Substanzen auch immer hochinnovative Zeiten. Neue Materialien und Technologien brachten – etwa im Übergang von der Steinzeit zur Bronzezeit oder von dieser zur Eisenzeit – jeweils einen enormen Schub an menschlicher Kreativität und führten zu tiefgreifenden Umwandlungen in den ökonomischen und sozialen Beziehungen.

Es zeichnet sich ab, dass eine klug gestaltete biogene Wirtschaft und Gesellschaft viele der Probleme, die uns die jahrzehntelange Vorherrschaft der fossilen Ressourcen beschert hat – vom Klimawandel bis zu den schwer oder nicht abbaubaren Schadstoffen in der Umwelt –, zu lösen vermag. Da die neue Art des Wirtschaftens sich vor allem auf erneuerbare Ressourcen gründet, eröffnet sie auch Perspektiven für echte Nachhaltigkeit – im Sinne einer Balance zwischen den Verbrauchs- und Reproduktionsraten der Grundstoffe. Diese Balance ist in der Fossilwirtschaft bis heute auf groteske Weise gestört.

Wenn allerdings die Grundlage der Bioökonomie vor allem die Synthese-Vorleistung der Pflanzen ist, dann müssen wir diese zukunftsweisende Ökonomie auch so gestalten, dass ihre Basis geschützt wird und erhalten bleibt: eine intakte Biosphäre und eine reiche Biodiversität. Bioökonomie ohne konsequenten Naturschutz kann nicht funktionieren.

Getragen wird diese Chemiewende von den Menschen, die täglich mit dem Griff in die Regale der Drogerie- und Baumärkte über den zukunftsgerechten Gebrauch der Stoffe abstimmen. Dabei interessieren wir Nutzer uns vor allem für die *Qualität* der uns umgebenden stofflichen Welt.

Wir wollen von unseren Lebensmitteln mehr wissen als die Angabe der Kalorienzahl. Neben Konsistenz, Textur, Aromenvielfalt und Geschmacksnuancen ist uns die gesundheitliche Wirkung wichtig, aber auch die konkreten Anbaubedingungen und die Verarbeitung. Ähnlich sieht es bei den Kosmetika, Textilien oder Baustoffen aus. Was steckt hinter den kryptischen Inhaltsangaben? Womit wurde meine Jacke gefärbt, unter welchen Bedingungen? Welchen Einfluss hat der Wandaufbau in meinem Wohnzimmer auf das Raumklima? Gibt es bedenkliche Ausgasungen?

Der enorme Erfolg von Büchern wie »Das geheime Leben der Bäume« hat auch mit diesem neu erwachenden Interesse an der stofflichen Umwelt zu tun. Wir wollen zwar nicht auf die virtuelle Welt verzichten, die uns die Smartphones präsentieren – aber mit ihrem zunehmenden Gebrauch wächst auch die Sehnsucht nach dem »Echten«, dem Anfassbaren, dem im Wortsinn »Begreifbaren«.

Wir brauchen den sinnlichen Kontakt mit unserer Umwelt für unsere physische und seelische Gesundheit. Die fast magische Wirkung hochauflösender Bilder am Bildschirm stumpft allmählich ab, lässt das Bedürfnis nach der Magie der Stoffe wachsen.

Magie der Stoffe – das ist das Reich einer Wissenschaft, die sich »Chemie« nennt. Sie hat selbst fast magisch anmutende Wurzeln im Bereich der geheimnisvollen Alchemie früherer Jahrhunderte. Die Theorien haben sich geändert. Ein Grundsatz ist jedoch gleich geblieben: Chemie verwandelt Stoffe – am liebsten wertlose Stoffe in wertvolle. Von dieser »Wert-Schöpfung« lebt eine der wichtigsten Industrien, die weltweit Hunderte Milliarden Euro umsetzt. Die Erfolgsgeschichte der modernen Chemie begann kurz nach dem Zweiten Weltkrieg mit der Verwendung von Erdöl, aus dem bis heute neunzig Prozent aller organisch-chemischen Alltagsgüter hergestellt werden.

Doch die Chemieindustrie steht vor einem grundlegenden Wandel – nein, befindet sich bereits in diesem Wandel! Die Umstellung ihrer Grundstoffbasis vom erschöpfbaren Erdöl auf nachwachsende und damit prinzipiell unerschöpfliche Quellen löst derzeit geradezu einen Schub an Innovationen aus. Während die konventionelle Chemieindustrie noch schwankt, die neuen Entwicklungen aber keineswegs verpassen will, haben insbesondere kleine

Pionierunternehmen die Zeichen der Zeit erkannt und stellen Alltagsprodukte nicht mehr auf Erdölbasis, sondern auf der Basis von Pflanzen, Algen, Mikroorganismen her.

Die Entwicklung neuartiger chemischer Mikroreaktoren, winziger Prozess-Messfühler und Mini-Steuerungen, eingepasst in eine umfassende Digitalisierung, kommen für diesen Innovationsschub gerade zur richtigen Zeit. Es ist eine Lust, jetzt als Landwirt, Forstwirt, Chemiker, Ingenieur, Verfahrenstechniker an dem Aufbruch in die nach-fossile Zukunft der Chemie mitzuwirken.

Sie findet statt, die Chemiewende – und sie entspricht in ihren Grundprinzipien wie auch in den bereits erkennbaren Details den großen, unaufhaltsamen Trends zu einer nachhaltig umwelt- und gesundheitsverträglichen Zukunft – im Einklang mit den Bedürfnissen der Menschen wie den über Jahrmillionen bewährten Prinzipien der Evolution des Lebendigen.

Die beiden Teilnehmer des Dialogs zur Chemiewende hatten viel Freude daran, sich über wichtige Aspekte dieser Entwicklung auszutauschen. Vielleicht werden einige Leserinnen und Leser angeregt, die Chemiewende auch in ihrem ganz persönlichen Alltagsleben zu gestalten.

Zu den Themen dieses Buches gibt es eine eigene Webseite (*www.chemiewende.de*) mit aktuellen Meldungen, Ergänzungen, einem Glossar von Fachbegriffen und der Möglichkeit, sich mit den Autoren auszutauschen.

1

AUFBRUCHSSTIMMUNG FÜR DIE NEUE CHEMIE

Horst Appelhagen: »Chemie aus der Natur«. Das klingt wie ein irreales Versprechen. Sind Chemie und Natur nicht Gegensätze? Kann die Natur Grundstoffe für all das liefern, was wir chemisch produzieren wollen? Auf den ersten Blick mag man das nicht glauben.

Hermann Fischer: Das ist unsere verzerrte Wahrnehmung der Natur. In Wirklichkeit ist die chemische Produktivität der Natur viel größer als die chemische Produktivität aller Chemieunternehmen auf der ganzen Welt. Zwar produziert die chemische Industrie Hunderte verschiedener Chemikalien. Gemessen an der Vielfalt chemischer Stoffe in der Natur ist das jedoch marginal.

Wir brauchen also keine Sorge haben, dass die Chemiewende an ungenügender Vielfalt und Menge der natürlichen Stoffe scheitert?

Auf keinen Fall. Sorge sollten wir allenfalls haben, ob uns die Wende gelingt, ob wir unsere Intelligenz richtig nutzen, ob wir die jungen Forscher und uns als Konsumenten hinreichend motivieren.

Die Motivation muss gelingen. Das Erdöl ist früher oder später verbraucht; es reproduziert sich nicht. Naturstoffe reproduzieren sich, das ist ihr Wesen. Jedenfalls solange nicht zerstörerisch eingegriffen wird.

Die Menge Erdöl, die wir in einem Jahr verbrauchen, entsteht erst in Millionen Jahren neu.

In der Natur entsteht also nach wie vor Erdöl? Aber eben nur ein Millionstel dessen, was wir verbrauchen.

Das ist der entscheidende Punkt. In der Biosphäre halten sich Verbrauch und Neuentstehung von Stoffen die Waage, in der Erdölchemie ist das Verhältnis eine Million zu eins.

Die Biosphäre ist also ökonomisch, das neuzeitliche industrielle Handeln nicht.

Das Wort »Ökonomie« bedeutet ja »Gesetzmäßigkeit des Haushaltens«. Eine gesunde, auf Dauer ausgerichtete Haushaltung ist dann gegeben, wenn in diesem Haushalt auf mittlere Sicht nicht mehr verbraucht wird, als neu hereinkommt. Das ist das Prinzip der Biosphäre. Ob dieser Ausgleich stattfindet, ist für mich die Kernfrage jeder echten Nachhaltigkeit. Die schlichte materielle Grundlage der Nachhaltigkeit ist: Verbrauche auf mittlere Sicht nicht mehr, als du wieder erzeugen kannst bzw. als für dich erzeugt wird, zum Beispiel durch die Land- oder Forstwirtschaft.

Verbrauche nicht mehr, als reproduziert wird! Das ist im wahrsten Sinne des Wortes eine naturgegebene Maxime. Sie umzusetzen ist aber noch Wunschdenken.

Da möchte ich dir widersprechen. Tatsächlich ist es ja so, dass sich weltweit Tausende von Forschern und Unternehmen bereits ganz konkret mit dieser neuen Art von Chemie befassen. Es sind überall Modelle, Prototypen, erste Produkte auf dem Markt, die zumindest eines zeigen: Es gibt keine grundsätzlichen Hindernisse, diese Maxime auf breiter Front umzusetzen und die gesamte chemische Industrie in diesem Sinne zu revolutionieren.

In welchem Zeitraum kann das geschehen?

Die führenden Regierungen der Welt haben dazu eine klare Perspektive entwickelt. Sie haben gesagt, sie wollen »die Dekarbonisierung der Weltwirtschaft« bis zum Ende dieses Jahrhunderts. Kohle, Erdöl, Erdgas sollen vollständig ersetzt werden. Ich denke, das ist anspruchsvoll, aber es ist auch realistisch.

Du meinst den Beschluss des G7-Gipfels auf Schloss Elmau 2015. Sollte mit diesem Beschluss nicht der Klimawandel begrenzt werden durch die Verminderung der Treibhausgase bei der Energiegewinnung? Beim Verbrauch des Erdöls als Rohstoff in der chemischen Industrie wird kein Treibhausgas erzeugt.

Es wurde ohne Einschränkung formuliert, dass die Weltwirtschaft, also nicht nur die Energiegewinnung, bis zum Ende des 21. Jahrhunderts dekarbonisiert werden soll. Gemeint ist übrigens »defossiliert«, denn der Kohlenstoff bleibt ja die Basis aller Lebewesen.

Wenn mit Defossilierung der Weltwirtschaft auch der Verzicht auf die Verwendung von Erdöl durch die chemische Industrie gemeint ist, dann ist das revolutionär, weil die chemische Industrie immer noch zu neunzig Prozent mit Erdöl arbeitet. Diese Konsequenz für die chemische Industrie ist, soweit ich sehe, öffentlich gar nicht kommuniziert worden.

Aber nur bei einem vollständigen Verzicht auf fossile Grundstoffe ist eine lebenswerte Zukunft sichergestellt. Gleichzeitig schafft er eine Fülle neuer lohnender Aufgaben. Es entsteht, was in der jungen Generation oft vermisst wird: eine Zukunftsperspektive, für die sich ein Aufbruch lohnt.

Von der Öffentlichkeit kaum wahrgenommen wurde übrigens auch die »Nationale Forschungsstrategie BioÖkonomie 2030« der Bundesregierung. Sie hat zu deren Umsetzung den unabhängigen Bioökonomierat geschaffen und Milliarden Euro für Forschungsvorhaben bereitgestellt. Ziel dieses Programms ist es, Rahmenbedingungen für eine biobasierte Wirtschaft zu schaffen.

Wenn das Programm Breitenwirkung erzielt, dürften den gängigen Untergangsszenarien die Grundlagen entzogen sein. Aber aus solchen politischen Anstößen, der Aufbruchsstimmung in Teilen der

Forschung und bei einigen Investoren muss erst eine breite Bewegung entstehen.

Diese Aufbruchsstimmung, die Anregung, innovativ zu sein, das hatten die Chemiker und (damals nur wenigen) Chemikerinnen um 1860 auch. Sie hat damals dazu geführt, dass die chemische Industrie so groß und bedeutend geworden ist. Wenn es gelingt, eine solche Aufbruchsstimmung für die neue Chemie zu erzeugen, dann kommt die Chemiewende voll in Schwung, kommen andere Prinzipien, andere Grundsätze zum Tragen. Das Prinzip der Chemie mit fossilen Grundstoffen – ursprünglich mal Teer, Steinkohlenteer, dann Erdöl – war ja immer das Prinzip des Spaltens, des Zerstörens, des Crackens, des Aufbrechens von Einheiten. Mit dem Wechsel der Rohstoffbasis zu natürlichen Rohstoffen wandelt sich auch die Sichtweise auf diese Substanzen selbst. Wir wollen sie nicht mehr cracken, nicht mehr zerstören, um aus ihnen etwas Neues zu machen. Statt sie zu spalten oder aufzubrechen, gehen wir von vornherein von den Aufbauprinzipien der Natur aus.

Ähnlich ist es ja auch bei der Energiewende.

Wir wollen keine Energie haben, für die Atomkerne gespalten werden müssen. Und es gibt eine breite Opposition gegen gentechnische Verfahren. Was im Kern gedanklich dahintersteckt, auch bei vielen, die sich wissenschaftlich intensiv damit auseinandersetzen: Man will die intakten, in der Evolution entstandenen genetischen Einheiten nicht um kurzfristiger Vorteile willen zerstören.

Denn was nicht evolutionsgerecht ist, ist letztlich nicht kalkulierbar. Und was nicht kalkulierbar ist, ist nicht zu verantworten. Die Evolution hat für jeden Stoff Milliarden Versuche hinter sich. Die kön-

nen wir nicht nachahmen. Jeder Eingriff, den wir vornehmen, birgt Risiken, die wir ja oft, wie wir aus der Erfahrung wissen, erst nach Jahrzehnten erkennen.

In vielerlei Hinsicht bewundern und heroisieren wir Wissenschaft und Technik ja auch zu Recht. Neben dieser Bewunderung der Ergebnisse menschlicher Intelligenz sollte jedoch gleichrangig eine Bewunderung dessen stehen, was ohne Zutun der Menschen in der lebendigen Natur entstanden ist. Mein Appell an uns Naturwissenschaftler, Techniker und an uns Menschen insgesamt ist im Grunde ganz einfach: die Leistung der Natur wieder wahrzunehmen und sie zu respektieren. Daraus folgen dann wie von selbst der Wunsch und die Notwendigkeit, sie auch zu schützen.

Was meinst du damit konkret?

Das Wunder des Lebens auf der Erde steht im engsten Verbund mit der Sonne. Rein wissenschaftlich gesprochen ist es ja so, dass die Sonne, die uns den Strom an Energie auf die Erde sendet, dabei einen Energieverlust erleidet, also quasi stirbt. Glücklicherweise ist das ein sehr langsamer Prozess. Was uns auf der Erde an Energie und Strahlung zuströmt, ermöglicht der Biosphäre den Aufbau ihrer Strukturen. Dieser Vorgang, dass die Sonne in ihrem eigenen Sterbeprozess uns Licht, Energie und Wärme sendet, ist die einzige – nicht nur die entscheidende, sondern die einzige – Grundlage dafür, dass auf der Erde Wachstum stattfinden kann. Leben, das Wachstum generiert.

Jedes Lebensmittel, das wir essen, ist Ergebnis des Aufbaus geordneter Strukturen.

Und zwar aus ungeordneten Strukturen. Was sind ungeordnete Strukturen? Kohlendioxid und Wasser. Was sind die geordneten Strukturen? Zucker, Fett, Eiweiß, Aroma, Farbe, alle diese wunderbaren Dinge. Das heißt also, es findet ein Wunder statt. Und wenn wir nicht lernen, uns wieder zu wundern, wenn wir nicht wieder Neugierde entwickeln und in der Lage sind, das zu bewundern, was in der Biosphäre passiert, dann werden wir auch nicht hinreichend motiviert sein, Fragen der Nachhaltigkeit, bis hin zum Überleben der Biosphäre, zu lösen. Denn dieses Wunder macht unsere Biosphäre zu einer Insel der Stabilität und Ordnung in einem Meer von Unordnung und Abbau.

Die Erde ist in diesem Prozess mit der Sonne einzigartig im Weltall, nach unserem heutigen Wissen.

Das wage ich nicht abschließend zu beurteilen. Eine Konsequenz dieser Bewunderung sollte eine gewisse Nüchternheit oder Bescheidenheit im Blick auf die eigenen Möglichkeiten und Fähigkeiten als Naturwissenschaftler sein. Das heutige naturwissenschaftliche Handeln, gerade im Bereich der Chemie, lebt häufig von der Vorstellung oder dem Antrieb – so nehme ich das wahr –, die Natur übertreffen zu wollen. Dagegen hat für mich Respekt gegenüber den Prozessen und Leistungen innerhalb der Biosphäre immer etwas mit Demut zu tun. Nur wenn der Naturwissenschaftler die Demut, diesen Respekt mitbringt, kann er die Prozesse – und im Bereich der Chemie insbesondere die natürlichen Stoffe – weiter veredeln und nutzbringend einsetzen, ohne dabei Schaden anzurichten.

Er nutzt dabei also im Grunde das Werkzeug der Sonne, die Fotosynthese.

Streng naturwissenschaftlich ist Fotosynthese der Aufbau komplexer Substanzen in Pflanzen mithilfe von Sonnenenergie auf der Basis – im Wesentlichen – von Kohlendioxid und Wasser und ein paar Mineralstoffen. Doch was uns viel zu wenig bewusst ist: Bei der Fotosynthese findet etwas wirklich Ungeheures, schier Unglaubliches statt. Denn was von der Sonne kommt, ist pure Hochenergiephysik. Und was die Pflanze damit macht, ist pure Niedrigenergiechemie. Das finde ich als Systemleistung der Pflanzen geradezu sensationell: Diese Hochenergiephysik, die ja extrem aggressiv sein kann – beim Sonnenbrand erfahren wir das quasi hautnah –, wird fast selbstverständlich aufgefangen und in Niedrigenergiechemie umgewandelt. Das ist auch deswegen ein wichtiger Aspekt, weil die konventionelle Chemie, die auf den fossilen Stoffen Kohle und Erdöl aufbaut, Hochenergiechemie ist.

Wogegen die gesamte Evolution von Flora und Fauna auf Niedrigenergiechemie beruht.

Das ist ein echter Kontrast und führt uns zwangsläufig zu der Frage: Warum schauen wir uns diese Niedrigenergiechemie der Pflanzen nicht genauer an und nehmen sie uns als Vorbild? Und warum meinen wir immer, dass wir mit unserer Hochenergiechemie – das, was ich mal »harte Chemie« genannt habe – weiter kommen können? Ich meine, wissenschaftlicher Anspruch ist doch, dass man diesen Phänomenen und diesen Wundern nachspürt und nicht immer gleich im Sinne hat, sie zu ersetzen oder gar übertreffen zu wollen. Das wird uns Naturwissenschaftlern und Technikern nie gelingen.

Und das ist auch keine Schande. Der Zeitraum wissenschaftlichen Handelns ist, gemessen an der Gesamtentwicklung der Menschheit, sehr kurz. Außerdem ist die Intensität, mit der die Evolution Elemente des Lebens milliarden- und billionenfach erprobt hat und weiterhin erprobt, uneinholbar. Deshalb ist für mich der Maßstab der Evolution entscheidend.

Das intensive Forschen der Menschen – und damit ihr Erfahrungshorizont – umfasst einen historischen Zeitraum von einigen Hundert Jahren.

Meinst du, wir müssten uns heute um das Überleben der Biosphäre sorgen, wenn die Chemie der fossilen Kohlenstoffe nicht entwickelt worden wäre? Das CO_2-Problem ist Thema Nummer eins der Energiewende. Inwiefern ist es auch Thema der Chemiewende?

Die permanent steigende Anreicherung von CO_2 in der Atmosphäre ist ein Ergebnis industriellen Handelns. Die Gefahren beruhen – wenn man es auf die einfachste Ebene herunternimmt – auf dem gestörten Gleichgewicht zwischen CO_2-Emission und CO_2-Bindung oder Assimilation. Das, was Tiere und Menschen an CO_2 emittieren, wurde bisher in einem fein abgestimmten Balancewerk von den Pflanzen gebunden und wieder zu nützlichen Substanzen umgewandelt. Diese Balancc ist massiv gestört.

Und was ist der Grund? Der Grund ist unsere Abhängigkeit von den fossilen Kohlenstoffträgern. Im Bereich der Energie ist das offensichtlich.

Vielen Menschen ist nicht bewusst, dass diese Abhängigkeit im Bereich der Chemie eher noch größer ist. Und viele meiner Chemikerkollegen empfinden geradezu Schmerzen bei dem Gedanken, sich von dieser fossilen Basis verabschieden zu müssen. Ich nenne das einmal Katerschmerzen, Entzugsschmerzen nach diesem ungehemmten Gebrauch der Droge Erdöl. Jüngere Chemikerinnen und Chemiker haben es da einfacher. Aber es gehört zur Nüchternheit der Analyse dazu, zu sehen, dass es schon so etwas wie ein Suchtphänomen gibt. Fossile Kohlenstoffe waren so leicht verfügbar, schienen in ihrer Ungestaltetheit ideal dafür, alles Mögliche daraus zu machen, das die Kreativität der Chemiker voll in Anspruch nahm, dass ich durchaus nachvollziehen kann, wie schwer dieser Abschied fällt.

Ein glücklicher Umstand ist, dass der Abschied von einer Ressource, die nicht erneuerbar ist, unausweichlich ist. Das macht die Motivation für den Aufbruch in die neue Chemie ein wenig einfacher.

2

DIE DANAERGESCHENKE DER FOSSILEN CHEMIE

Horst Appelhagen: Dem Aufbau der fossilen Kohlenstoffe in Millionen Jahren steht ihr Verbrauch in der kurzen Zeit von circa hundertfünfzig Jahren gegenüber. Es spricht schon der erste Anschein dafür, dass der Verbrauch evolutionswidrig ist. Haben Wissenschaftler sich damals überlegt, was es für unsere Biosphäre bedeutet, wenn die fossilen Kohlenstoffe so umfassend und in so großem Maße in Anspruch genommen werden, wie es geschehen ist?

Hermann Fischer: Es gab einige wenige Rufer in der Wüste, die davor gewarnt haben. Interessanterweise waren es oft Chemiker, wie zum Beispiel Wilhelm Ostwald – einer der führenden Chemiker zu Beginn des 20. Jahrhunderts, der 1909 den Nobelpreis erhielt. Ostwald hat versucht, über den Tag hinauszudenken. Er war übrigens Physikochemiker, wie ich. Physikochemiker interessieren sich für die Grundprinzipien des Stofflichen – für das, was die Welt im Innern zusammenhält. Die Organiker unter den Chemikern – die sich auf die Chemie der Kohlenstoffverbindungen konzentrieren – sind oft eher synthese- und produktionsorientiert, hängen natürlich auch besonders eng an der chemischen Industrie. Die Physikochemiker sind nach meiner Beobachtung häufig die nachdenklicheren, die – weil sie zwei Wissenschaften verbinden, Physik und Chemie – stärker zu einer philosophischen Betrachtungsweise neigen. Aber zurück zu deiner Frage: Es geht um den Fortbestand der Biosphäre, nicht nur um das Überleben der Menschheit. Das ist für mich deswegen wichtig, weil ich den Menschen nicht als Krone der Schöpfung sehe, sondern weil ich – im Widerspruch zu alten, stark tradierten und immer noch vorherrschenden hierarchischen Vorstellungen – von einer Gleichrangigkeit von Mensch, Tier, Pflanze und auch Mineralien ausgehe. Alle haben sie ihre eigene Berechtigung in der Welt, und die Verflechtungen und wechselseitigen Abhängigkeiten zwischen Mineralien, Pflanzen, Tieren und Menschen sind enorm. Man kann die Überlebensfähigkeit der Menschheit nicht gegen die der anderen Naturreiche ausspielen.

Inwiefern »ausspielen«?

Indem man sagt: »Wenn wir so eine Art künstliches Universum schaffen« – solche Gedanken gibt es ja in bestimmten Utopien –, »dann brauchen wir keine Pflanzen mehr, weil wir alles, was in Pflanzen passiert, synthetisch erzeugen. Dann brauchen wir keine Tiere mehr, weil wir auch die tierischen Produkte selbst generieren. Und dann brauchen wir auch keine Mineralien mehr, weil wir das alles irgendwie in einem technischen Kreislauf führen …« Diese künstlichen Welten sind immer wieder gedacht worden, und in der modernen Chemie gibt es solche Projekte auch: alles, was wir brauchen, aus Kohlendioxid synthetisch herzustellen und die enormen Energiemengen, die man dazu braucht, durch Atomkraft zu erzeugen.

Es gab also Skrupel?

Ja, aber die Faszination der Möglichkeiten des neuen Schöpfertums – um das ging es nämlich – war so groß, dass in den Jahrzehnten danach immer wieder alle Skrupel überrollt und übertönt wurden. Und ich kann diese Faszination durchaus nachvollziehen. Wenn ich in den 1850er-Jahren Jungchemiker gewesen wäre – ich lege nicht die Hand dafür ins Feuer, wie ich gehandelt hätte. Es ist für uns heute ja viel leichter, darüber zu urteilen, weil wir die Folgen kennen. Damals hat man die Folgen vielleicht geahnt, aber man war so betört, so berauscht von den Möglichkeiten, dass man die Skrupel, die immer da waren, hintangestellt hat.

Aber was bei den chemischen Vorgängen passiert, war doch erkennbar. Und dass Böden, Wasser und die Atmosphäre dadurch belastet werden würden, muss auch klar gewesen sein. Was fraglich gewesen sein kann, ist vielleicht das Ausmaß der Belastung und wie die Natur darauf reagiert, welche Auswirkungen das auf uns Menschen hat. Aber dass die fossile Chemie die Welt, in der wir leben, belastet, kann nicht unklar gewesen sein.

Es ist sogar so, dass die ersten erkennbaren Schäden, die die synthetische Chemie anrichtete – und zwar an Umwelt und Gesundheit –, letztlich Auslöser waren für eine veränderte Gesetzgebung. Die Qualifizierung und Spezifizierung des Gewerberechts, später des Chemikalienrechts, ist durch die Probleme, die sich zeigten, angestoßen worden. Die ersten Farbenfabriken waren an den großen Flüssen gegründet worden, an denen heute noch die Nachfolgefabriken stehen.

In der Schweiz und in Deutschland vor allem am Rhein.

Weshalb an den Flüssen? Weil die Flüsse eine bequeme Entsorgungsmöglichkeit für die zum Teil hochgiftigen Abwässer, beispielsweise arsenhaltige Abwässer der Farbenproduktion, boten. Und da haben sich sehr früh die Unterlieger an den Flüssen, die das Wasser als Trinkwasser nicht mehr nutzen konnten, massiv beschwert. Daraufhin wurden – wenn auch mit starker Verzögerung – die Einleitungsrechte begrenzt. Der zweite Punkt ist: Bei bestimmten Prozessen zeigte sich sehr schnell eine massive Häufung von Blasenkrebs bei den Arbeitern. Kein Wunder, denn anfangs wurde ja nicht Erdöl verwendet, sondern Steinkohlenteer. Und Steinkohlenteer ist nicht nur eine Kohlenstoffquelle, sondern enthält stark krebserzeugende Substanzen. Auch auf diese Erkenntnis folgte eine Verschärfung von Auflagen und Kontrollen. Man kann also sagen, dass die chemische Industrie aus dem ersten großen Machbarkeitsrausch gelernt hat. Die langfristigen Schäden, vor denen wir heute stehen, sind wahrscheinlich damals am wenigsten bewusst gewesen.

Du meinst die langfristigen Schäden durch Abbauprodukte der Chemikalien nach deren Nutzung?

Ja klar. Ein Kollege von mir, der Chemiker Rainer Grießhammer vom Öko-Institut in Freiburg, hat einmal gesagt: »Die eigentlichen Emissionen der chemischen Industrie sind ihre Produkte.«

Und die Produkte sind die Kunststoffe, die Farben, die Duftstoffe, die Pharmazeutika …

Natürlich ist auch CO_2 eine dieser Emissionen. CO_2 ist so etwas wie ein übergeordneter Indikator, dass etwas grundsätzlich aus der Balance geraten ist. Insofern ist es richtig, sich auch in der Chemie mit der Kohlendioxidfrage zu befassen.

Was hat die synthetische Chemie als entscheidende Wohltat hervorgebracht? Was sind die Wohltaten für die Menschheit, die wir ohne die fossile Chemie nie bekommen hätten?

Der entscheidende Nutzen beruht natürlich auf einer enormen Freisetzung von kreativem und innovativem Handeln unter den Chemikern. Als Wohltaten kann ich all die Dinge, die ich gleich nennen werde, nicht rundheraus betrachten. Es waren doch alles Danaergeschenke oder trojanische Pferde. Fangen wir mit den Farben an: Natürlich war es für die Menschen zunächst ein enormer

Gewinn, dass das Spektrum der Farbigkeit in der Brillanz und in den Farbtönen der neuen synthetischen Farbstoffe gegenüber den herkömmlichen Farben so enorm erweitert wurde. Das war eine kreative Leistung sondergleichen. Und es wurde von den Menschen oft zunächst wirklich als Wohltat oder als Bereicherung empfunden, bevor man später allmählich die sehr problematischen toxikologischen, ökologischen und auch ästhetischen Kehrseiten erkannte. Der nächste Schritt waren die Medikamente, die sehr bald als ein Abfallprodukt dieser Farbstoffsynthese entdeckt wurden – die ersten synthetischen fiebersenkenden Medikamente sind abgewandelte Teerfarben gewesen. Auch hier dauerte es oft lange, bis man die bisweilen fatalen Nebenwirkungen dieser neuartigen Stoffe erkannte. Bei dem schon 1888 aus Teer hergestellten Medikament Phenacetin dauerte es fast hundert Jahre bis zum Verbot. Dann ist als dritte Innovationsleistung die Entwicklung der synthetischen Polymere zu nennen, also das, was wir als Kunststoffe oder einfach Plastik bezeichnen, bei dem wir ja immer mehr die fatale Kehrseite der Nützlichkeit oder Bequemlichkeit erkennen – Stichwort »Müllstrudel in den Weltmeeren« oder »Plastikpartikel in der Nahrung«. Als Weiteres: die Entwicklung von synthetischen Bioziden, zum Beispiel als Schädlingsbekämpfungsmittel. Gerade bei dieser Stoffgruppe ist inzwischen mehr als fraglich, ob der Schaden den Nutzen nicht bei Weitem überwiegt.

All diese bedeutenden Innovationsleistungen hatten enorme Wirkungen, und ich will sie gar nicht in Bausch und Bogen verurteilen und in jeder Hinsicht als schädlich abqualifizieren. Und trotzdem muss man sagen: All diese Wohltaten der synthetischen, fossil basierten Chemie hatten einen Pferdefuß.

Hätte es Alternativen gegeben?

Ja. All die wirklich positiven, für die Menschheit förderlichen Ergebnisse wären auch auf einer natürlichen Basis möglich gewesen. Das ist der entscheidende Punkt. Hätten wir die Kreativität, die ab 1856 in die Entwicklung der ganzen synthetischen Pferdefuß-Wohltaten gegangen ist, in eine Weiterentwicklung der Naturstoffchemie, der Phytochemie, der Phytopharmazie, der Phytofarbstoffchemie gesteckt, hätten wir ähnliche Wohltaten gewonnen und die Pferdefüße vermieden.

Meine Überlegung dazu geht noch weiter: Ohne die damals neue Chemie, die auf Kohle und Erdöl basiert, ohne die fossile Chemie hätte es das Grauen des 20. Jahrhunderts nicht gegeben. Kriege in der Art, wie sie geführt worden sind, wären nicht möglich gewesen. Hätte man genauso blutig Krieg führen können, wenn man die Kreativität in die Pflanzenchemie gesteckt hätte? Hätten die Menschen ähnlich wirksame Waffen entwickeln können? Das ist für mich eine Schlüsselfrage.

Das ist natürlich eine unglaubliche Frage, die du da aufwirfst. Denn die Urkatastrophe des 20. Jahrhunderts hat tatsächlich sehr viel mit dieser Form von fossil basierter Chemie zu tun. Das gilt zunächst gewissermaßen in gesellschaftspsychologischer Hinsicht. Alle diese Kreativprozesse, über die wir gerade gesprochen haben – mehr Farbigkeit, neuartige Medikamente, andere Polymere, vorher nie gesehene Wirkstoffe –, all diese Entwicklungen hatten immer auch einen emanzipatorischen Hintergrund. Man wollte weg von der Gebundenheit an die Naturstoffe. Man wollte etwas Eigenständiges schaffen, das nicht mehr den Zwängen unterlag, welche die Natur – im Sinne der Lebensbedingungen in einer intakten Biosphäre – auferlegt.

Was wäre denn geschehen, wenn wir versucht hätten, den Weg zu den stofflichen Bedürfnissen des 20. und 21. Jahrhunderts mit einer Pflanzenchemie, mit einer Chemie auf der Basis von Naturstoffen zu bahnen?

Nun, eine Naturstoffchemie, wie ich sie verstehe, ist immer geprägt von diesem schon erwähnten Respekt gegenüber den Leistungen, welche die Biosphäre entwickelt hat, sowohl in prozessualer als auch in stofflicher Hinsicht. Allein dieser Respekt und die daraus folgende Zurückhaltung gegenüber tieferen Eingriffen hätten immer bewirkt, dass dieser superemanzipatorische Prozess so nicht stattgefunden hätte. Um es an einem sehr sprechenden Beispiel konkret zu machen: Der Chemiker Fritz Haber hat vor dem Ersten Weltkrieg diese Emanzipationsbestrebungen so weit getrieben, den Stickstoff aus der Luft zu fixieren, um unabhängig zu werden vom normalen biologischen Bodenleben, das selbstregenerativ die Leistungsfähigkeit des Bodens wiederherstellt und erhält. Wenn Fritz Haber, der 1909 für die Synthese von Ammoniak den Nobelpreis erhielt, nicht diesen künstlichen Stickstoffdünger – dessen Herstellung übrigens enorme Mengen an Energie verschlingt – entwickelt hätte, wäre industrielle Pflanzenproduktion und damit die heutige Form der Landwirtschaft nicht entstanden. Da dieser künstlich fixierte Stickstoff aber auch die Grundlage für die Herstellung von Sprengstoffen und Munition ist, hätte sich Deutschland im Ersten Weltkrieg bei der Herstellung nicht unabhängig machen können vom importierten Chilesalpeter, zu dem die Alliierten den Zugang blockiert hatten. Deutschland hätte daher ohne den »Salpeter aus der Luft« den Krieg nie bis 1918 durchgehalten, und die Kriegsfolgen für ganz Europa wären entsprechend milder gewesen. Aber Haber war auch Miterfinder von Giftgas, das erstmals unter seiner Leitung 1917 bei Ypern eingesetzt wurde. Das sind zwei Faktoren, die unmittelbar mit diesen Emanzipationsbestrebungen der synthetischen Chemie zu tun haben. Und deswegen kann man schon sagen, dass die Urkatastrophe des 20. Jahrhunderts sehr stark mit der chemischen Industrie und ihrer Entwicklung, vor allem aber mit ihrer emanzipatorischen Innovationsleistung verbunden gewesen ist. Das ist natürlich ein ganz schwieriges Thema.

Der Mensch ist in dem Augenblick maßstablos geworden, in dem er Dinge angefasst hat, die in der Evolution nicht vorgesehen waren. In der Pflanzenchemie sind wir immer auf der relativ sicheren Seite, weil wir Stoffe verwenden, die naturgemäß sind, dem Stand der Evolution entsprechen. Wenn wir nun die CO_2-Belastung ansehen, wie weit beruht sie auf dem Energieverbrauch und wie weit auf der Chemie?

Rein quantitativ gesehen ist natürlich die CO_2-Produktion in der heutigen Energieerzeugung wesentlich höher als im Bereich der Chemie. Das ist einer der Gründe, weshalb ich sage: Die CO_2-Produktion ist zwar ein gewisser Gradmesser, aber gerade im Bereich der Chemie reicht dieser Aspekt zur Beurteilung bei Weitem nicht aus. Das hat einen ganz einfachen Grund: Fast jede Art von Energieerzeugung macht aus Kohlenstoffträgern wie Erdöl, Holz oder Kohle fast unmittelbar CO_2. Bei der Chemie hingegen liegen die entscheidenden Wertschöpfungsprozesse dazwischen. Da wird nicht direkt aus Kohlenstoff CO_2 gemacht. Das könnte man als chemisches Produkt nicht verkaufen. Deshalb müssen die Zwischenstationen, die die Energiewirtschaft nicht kennt, nämlich die Produkte der chemischen Industrie, gesondert betrachtet werden. Und deswegen reicht es nicht aus zu gucken:

Wie viel CO_2 produziert die chemische Industrie und wie lässt sich das durch Einsatz von biogenen Materialien auf null reduzieren, sondern wir müssen sehr viel genauer als bei der Energieerzeugung auf die dazwischenliegenden Prozesse achten, die immer Wertschöpfungsprozesse sind, weil sie ein viel deutlicheres Bild davon liefern, warum wir überhaupt eine andere Form von Chemie benötigen.

Vielleicht aber noch eine kleine Ergänzung zu vorhin: Du hast vollkommen recht, dass die fossile Chemie, die vor etwa hundertfünfzig Jahren entwickelt wurde, globale Prozesse und Probleme ausgelöst hat. Es ist allerdings so – und das stimmt uns nachdenklich –, dass diese Entwicklung ihre innovativsten Treiber in Mitteleuropa – in Deutschland, aber auch in England, in der Schweiz – gehabt hat. Ich bin fest davon überzeugt, dass auch die neue Chemie – nämlich eine Chemie auf der Grundlage biogener Rohstoffe – gerade in Mitteleuropa ein starkes Entwicklungspotenzial hat, weil einfach die Kreativität da ist, die sich in den vergangenen hundertfünfzig Jahren nur auf die falschen, nicht nachhaltigen Technologien gerichtet hat. Mitteleuropa hat das Potenzial für diesen solar-chemischen Paradigmenwechsel, weil eine ausreichende wirtschaftliche Leistungsfähigkeit da ist.

Und diese wirtschaftliche Kraft braucht man, um technologische Innovationen in Produkte umzusetzen. Förderlich für den Wandel ist sicher ebenso, dass ein Potenzial an aufgeklärten Konsumenten da ist, die glücklicherweise schon über die Ebene der bloßen Bedarfsbefriedigung hinausgelangt und daher bereit und in der Lage sind, in Dinge wie Nachhaltigkeit, Ästhetik, Genuss, Qualität zu investieren.

Völlig richtig. Wir haben hier in Mitteleuropa zwar keine Insel der

Seligen – aber doch eine Insel der Möglichkeiten, die es uns leichter macht als vielen anderen Weltgegenden, diesen Prozess voranzutreiben und ihn auch wirklich umzusetzen.

Du hast Rainer Grießhammer vom Öko-Institut in Freiburg zitiert, der gesagt hat, die Produkte seien die eigentlichen Emissionen der Chemie. Sind diese Produkte denn eine – sagen wir – ganz ähnliche oder gar eine größere Gefahr als die CO_2-Belastung?

Eher die größere Gefahr.

Die größere Gefahr dieser Chemie geht also von den Produkten aus. Das sollten wir uns genauer ansehen …

Das hat etwas mit dem Begriff »Persistenz« zu tun, also mit ihrer Langlebigkeit und Durchdringungsfähigkeit aller Umweltmedien. Beim CO_2 gibt es ja durchaus Rückholmöglichkeiten, und zwar biologische Rückholmöglichkeiten. Um ein Beispiel zu nennen: Allein die Wiedervernässung von traditionellen Mooren, die man in den letzten Jahrzehnten und Jahrhunderten trockengelegt hat, bringt ein enormes Maß an Kohlendioxidbindung. Weil die erneute Vernässung der Moore eine solche Menge an zusätzlichen Fotosyntheseprozessen auslöst – von den vielen anderen ökologischen Vorteilen dieser Biotope einmal ganz abgesehen. Ein Moor bindet dauerhaft – oder zumindest sehr langfristig – große Mengen CO_2.

Bis es verheizt wird, als Torf.

Ja, und das wollen wir natürlich auf keinen Fall, sondern wir wollen, dass das Moor wächst. Es gibt genügend bessere Alternativen zur Verwendung von Torf. Jedenfalls: Die Menge an CO_2, die da auf einer Fläche von, sagen wir, einem Hektar gebunden wird – bei diesem langsamen Wachsen des Moors –, ist enorm. Das hat man lange unterschätzt. Nun will ich nicht missverstanden werden. Ich plädiere natürlich nicht dafür, dass wir wieder sorglos jede Menge fossilen Kohlenstoff verbrennen können, weil wir später durch Wiedervernässung von Mooren alles wieder ausgleichen. Der Moorschutz ist aber nur ein Beispiel für aktive biologische CO_2-Minderung. Ein anderes praktisches Beispiel: Wälder wieder alt werden lassen. Es wäre eine enorme CO_2-Reduktion, wenn man Wälder alt werden ließe und sie nicht, wenn sie das Maximum ihrer CO_2-Bindung erreicht haben, durch Kahlschlag beseitigt. Das ist aber eine andere Frage. Im Bereich der Chemie ist CO_2 nicht der schlimmste Killer, weil es nicht im strengen Sinne persistent ist. Wir finden dort ganz andere Persistenzen, die zur anhaltenden Anreicherung von Fremdstoffen in der Umwelt führen. Ein Beispiel sind die Kunststoffe. Wir wissen ja, dass die klassischen Kunststoffe eine Lebensdauer von Jahrzehnten, ja oft Jahrhunderten haben. Das fällt nur deswegen nicht so auf, weil sie – oberflächlich betrachtet – auf den Mülldeponien oder anderswo in kleinere Bruchstücke zerfallen. Aber diese Bruchstücke reichern sich beispielsweise im Meerwasser an.

Man weiß inzwischen, dass wir, wenn wir Fisch essen, häufig unser eigenes Plastik wieder auf den Teller bekommen, in Form von mikroskopisch kleinen, fein geriebenen Teilchen, von denen man nicht weiß, wie sie den Organismus beeinflussen.

Die sogenannten Müllstrudel in den Weltmeeren sind keine Erfindung der Medien: Die Millionen Tonnen Plastikmüll, die sich in bestimmten Strömungsbereichen des Pazifiks und aller anderen Weltmeere angesammelt haben, vergehen nicht, weil gar keine Organismen da sind, die in der Lage wären, dieses Plastik abzubauen.

Willst du damit sagen: Diese Form von Dauerhaftigkeit, die ja häufig bei chemischen Produkten als Qualität angestrebt wird, ist die Ursache von gravierenden Schädigungen der Biosphäre?

Natürlich habe ich gerne eine Farbe, die so dauerhaft wie möglich ist. Wenn aber diese Dauerhaftigkeit dazu führt, dass das entsprechende chemische Produkt jahrzehnte- oder jahrhundertelang in der Umwelt verbleibt, dann führt das zu Schäden.

Welchen?

Eben zu einer Störung des Gleichgewichts. Die Biosphäre hat ja Methoden entwickelt, Verbrauch und Neuproduktion schon in kurzen Zeiträumen – einigen Monaten, Jahren oder allenfalls Jahrzehnten – durch den natürlichen Stoffkreislauf wieder auszubalancieren. Die Herstellung solcher persistenten Produkte in der Chemie führt hingegen dazu, dass das, was entstanden ist, nicht schnell genug wieder vergeht. Persistenz bedeutet (bei anhaltender Produktion des persistenten Stoffs) immer Anreicherung. Bei Plastik ist es, wie wir gesehen haben, die Anreicherung beispielsweise in den Weltmeeren und auf allen Äckern. Bei anderen Substanzen ist sie nicht so offensichtlich, aber eher noch dramatischer. Ein Beispiel: die sogenannten hormonanalogen Stoffe, die in großem Stil produziert werden, etwa als Weichmacher für Kunststoffe, und die sich eben auch anreichern – in unserem Trinkwasser, im Grundwasser, in den Böden, sogar in unserem eigenen Gewebe. In all diesen Medien führen solche Fremdstoffe zu einer anhaltenden Belastung und oft zu einer zwar niedrigschwelligen, aber eben chronischen Giftwirkung.

Das alles bewirkt letztlich, dass die Reproduktionsfähigkeit der Biosphäre in Gefahr gerät – und ohne Reproduktion kein Stoffwechsel, keine Erneuerung, kein Fortbestand.

Das ist das eigentliche Problem. Und deswegen verstehst du sicherlich gut, wenn ich sage: CO_2 ist ein Problem, aber es ist vor allem ein Problem der Energiewirtschaft – schon quantitativ gesehen. Das größere Problem im Bereich der Chemie ist, neben dem CO_2, die Persistenz, die große Haltbarkeit der Produkte selbst und ihrer Neben- und Abbauprodukte.

Auch die signifikante Zunahme von Allergien und sogar von neurologischen Problemen ist wohl auf die steigende Belastung der Umwelt mit Chemikalien zurückzuführen, die da nicht hingehören.

Die Ökotoxikologen jedenfalls machen sich Sorgen, insbesondere weil es keine biologischen Prozesse gibt, die zu einer Minderung dieser Belastung führen. Die Evolution hat einfach nicht vorgesehen, dass wir diese Chemikalien im Körper haben. Daher gibt es keine Enzyme in unserem Organismus, die sie problemlos abbauen können.

Der Körper erkennt ja oft, dass es sich um Fremdstoffe handelt, er versucht zu reagieren, alarmiert das Immunsystem; das Immunsystem ist dann aktiv, aber hilflos. Allergien, die Zunahme von Krankheiten des rheumatischen Formenkreises – also all dessen, was mit inneren Entzündungen und Überreaktionen, Autoimmunerkrankungen und so weiter zu tun hat – sind möglicherweise oft die Folge eines verzweifelten Versuchs des Immunsystems, diese Fremdstoffe wieder loszuwerden oder zu neutralisieren.

3

DIE VORTEILE DER NEUEN CHEMIE

Hermann Fischer: Die Katastrophe von Fukushima hat den Druck, die Energiewende zu realisieren, enorm verstärkt. Zum Glück sind große Chemiekatastrophen seltener geworden, aber die unterschwellige Bedrohung, die Belastung von Luft, Böden, Meeren und Grundwasser, unserer Gesundheit, ist eher noch größer geworden. Wie lässt sich unter diesen Bedingungen eine breite Öffentlichkeit für die Chemiewende mobilisieren?

Horst Appelhagen: Eine Voraussetzung dafür ist, dass die neue Chemie für jeden Bedarf Produkte anbieten kann. Für den Verbraucher ist wichtig, dass das, was die neue Chemie hervorbringt, besser, angenehmer ist. Diese Beobachtung muss ins tägliche Leben eindringen, rational und emotional erlebbar sein.

Worin besteht die Attraktivität der Produkte der neuen Chemie? Wir müssen natürlich ins Detail gehen, aber generell die Frage: Was macht Attraktivität aus? Bei den meisten Menschen, denke ich, entscheidet immer noch der Preis. Preislich können die Erzeugnisse der neuen Chemie zunächst nicht wettbewerbsfähig sein, weil Neuland betreten wird, für neue Entwicklungen auch neue Anlagen gebraucht werden.

Ja, und wenn erst mal kleinere Anlagen genutzt werden, fehlen Skalierungseffekte. Womöglich wird es auf Folgendes hinauslaufen: Entweder man macht die konventionellen Produkte durch zusätzliche Abgaben, die ihre eigentlichen gesellschaftlichen Kosten widerspiegeln – zumindest besser als derzeit –, erheblich teurer, oder man fördert die Produkte der neuen Chemie durch Zuschüsse oder Subventionen. Wahrscheinlich wird es – zumindest in der Anfangszeit – auf eine Mischung beider Faktoren hinauslaufen. Irgendwann löst sich ja dieses wirtschaftliche Problem quasi von alleine.

Nämlich dann, wenn die Erschöpfung der fossilen Ressourcen so weit fortgeschritten ist, dass die aus ihnen hergestellten Produkte sich tendenziell verteuern.

Zusätzlich kommt uns entgegen, dass die Produkte der neuen Chemie in zwei, drei Jahrzehnten keine Besonderheit mehr darstellen werden, sondern Mainstream geworden sind und sich damit natürlich die Innovationskosten relativieren. Da geht die Schere dann im positiven Sinne auf. Produkte aus Erdöl werden ungeachtet der derzeitigen Schwankungen allmählich immer teurer, die Produkte der neuen Chemie allmählich immer günstiger werden.

Gut – sodass man vielleicht zunächst nicht vorrangig auf Produkte für preisbewusste Abnehmer setzen sollte, sondern auf außerordentliche Produkte, Luxusprodukte oder Produkte, für die der Verbraucher zu höheren Aufwendungen bereit ist.

Also – Luxusprodukte würde ich nicht in den Vordergrund stellen, weil das ja automatisch auch gleich …

Du bist kein Freund des Luxus.

Nein, ich betrachte das mal ganz nüchtern, nicht ideologisch. Ich habe kein ideologisches, sondern ein betriebswirtschaftliches Problem mit Luxus.

Wieso das?

Luxus heißt ja immer, dass der Abnehmerkreis so begrenzt ist, dass zumeist keine wirklichen Mengen zustande kommen – vielleicht gute Renditen, aber keine wirklichen Mengen. »Außerordentliche« Produkte, mit besonderer Qualität – das ist für mich viel wichtiger. Um dafür ein Beispiel zu nennen: Eltern sind eher bereit, ein etwas teureres Produkt zu akzeptieren, wenn es um ihre Kinder geht. Natürlich gibt es auch Eltern, denen das egal ist, die also auch für ihre Kinder nur das Allerbilligste nehmen, aber das ist wohl eher die Ausnahme.

Das siehst du wohl richtig. Im Mittelstand, der oft einen gesellschaftlichen Wandel in der Breite trägt, sehe ich eine zunehmende Bereitschaft, das eigene Konsumverhalten zu verändern. Wenn es um die eigenen Kinder, die eigene Gesundheit, das eigene Wohlbefinden geht, etwa die Geborgenheit in der eigenen Wohnung, ist durchaus die Bereitschaft da, einen höheren Preis zu zahlen. Das ist schon mal ein Ansatz für die Akzeptanz von Produkten der neuen Chemie.

Ich gehe noch einen Schritt weiter. Du hast von Luxus gesprochen; da wäre die Reichweite eingeschränkt. Ein Trend dagegen hat eine viel breitere Wirkung. Wenn du dir die Verbreitung von teuren Smartphones anguckst, dann ist es keineswegs so, dass die bei den Reichen überrepräsentiert sind. Sie sind im Gegenteil besonders stark vertreten in Bevölkerungsschichten, die einen erklecklichen Teil ihres Einkommens dafür aufwenden müssen, weil das Einkommen selbst relativ niedrig ist. Das heißt also: Wenn es einfach »trendy« wäre, solche Produkte zu kaufen, dann werden die etwas höheren Preise auch akzeptiert.

Ein wesentlicher Aspekt ist natürlich auch – und das betrifft wohl eher die Mittelschicht – der Genuss, die Lebensfreude, das Haptische, das Ästhetische. Ich glaube, es ist relativ leicht zu vermitteln, dass ein natürlicher Stoff – ob es Leder ist oder Holz oder Naturstein – auf Menschen immer ganz anders wirkt und angenehmer, auch sensitiv angenehmer ist als alle Produkte der chemischen Industrie. Das Wohlfühlelement also. Wie fasst man das eigentlich wissenschaftlich? Man forscht bestimmt seit über zwanzig Jahren daran, den Wohlfühlfaktor für Gebäude, Bürohäuser, Geschäftshäuser und natürlich Wohnhäuser zu bestimmen. Was Stahl und Beton bewirken, lässt sich wissenschaftlich erfassen. Stahl hat eine störende energetische Wirkung, die fehlende Atmungsaktivität von Beton und seine Wärmeleitfähigkeit beeinflussen das Raumklima. Beton ist ein Baustoff, der biologisch tot ist, im Gegensatz etwa zu Trass, einem natürlichen Mineral, das schon die Römer als betonartigen Baustoff verwendeten. Die Evolution hat einen Baustoff mit den Eigenschaften von Beton nie hervorgebracht. Dagegen hat jeder Naturstein menschenfreundliche Eigenschaften, die sich sogar messen lassen. Ein weiteres Beispiel ist Baumwolle aus kontrolliert biologischem Anbau. Die neue Chemie hat sehr viel Potenzial, Behaglichkeit zu stiften.

Die wissenschaftliche Messung von Wohlbefinden ist natürlich auch wieder ein heikles Thema. Es gibt Methoden, zum Beispiel durch Messung des Hautwiderstands zu solchen Skalierungen zu kommen. Der Hautwiderstand ist ja letztlich eine Wirkung der Durchblutung und Durchfeuchtung der Haut. Und Durchblutung und Durchfeuchtung der Haut hängen wiederum stark vom unbewussten Stresslevel ab. Und der unbewusste Stresslevel hängt auch davon ab, ob ich spüre, ich bin in einer Art Plastikschale eingesperrt oder mein ganzer Körper kann frei atmen. Dennoch sind solche Mess- und Bewertungsmethoden noch unterentwickelt und teilweise fragwürdig – vor allem, wenn ihre eher begrenzte Aussagekraft übertrieben und generalisiert wird.

In unseren entwickelten Gesellschaften haben wir doch den An-

spruch, dass es nicht nur um die Befriedigung der absoluten Grundbedürfnisse geht, sondern um Bedürfnisse, die darüber hinausgehen. Nennen wir es Wohlbefinden. Ausgerechnet auf diesem Feld fehlt es aus meiner Sicht an ausreichender Forschung. Wir bekommen die Defizite zu spüren.

Ich habe mich jahrzehntelang mit diesen baubiologischen Themen beschäftigt. Nach meinem Eindruck mangelt es bisher an einer umfassenden und ausreichend seriösen Forschung. Es ist fast paradox, dass es das nicht gibt. Ich merke es ja im eigenen Unternehmen. Wenn es eine uneingeschränkt seriöse Forschung gäbe, dann würden wir sie für die Vermarktung unserer Produkte nutzen. Im Augenblick spielt sich die Beurteilung leider eher auf einer subjektiven Ebene ab.

Was meinst du damit?

Dass es von Verbrauchern Rückmeldungen gibt, Mund-zu-Mund-Propaganda. Sie sagen zum Beispiel: »Ja, in den Räumen unserer Wohnung, die wir mit der und der Farbe gestrichen haben, spüre ich einfach, dass es mir besser geht, dass mein Wohlbefinden höher ist.« Das bleibt im rein subjektiven Bereich, weil es nicht mit Zahlen unterlegt ist.

Derzeit achtet man bei den Produkten ja meist nur auf die Abwesenheit bestimmter Schadstoffe. Doch das allein kann es nicht sein. Natürlich sollten Produkte frei sein von den notorischen Schadstoffen. Aber zu behaupten, dass die Abwesenheit solcher Schadstoffe gleichzusetzen sei mit Wohlbefinden, wäre sicherlich ein Fehlschluss.

Bei Biolebensmitteln habe ich mit der Freiheit von Schadstoffen auch einen besseren Geschmack, also einen Wohlfühlfaktor.

Wohlbefinden entsteht bei mir auf der geschmacklichen Ebene

etwa bei einem guten Apfel durch die Vielfalt an geschmacklichen Wahrnehmungen. Wenn ich dagegen einen Granny Smith esse, erlebe ich eine geschmackliche Eintönigkeit. Die hat natürlich ihre Ursachen, es hat was mit dem Anbau zu tun, auch mit der Züchtung. Man will eben so etwas wie einen Einheitsgeschmack produzieren. Und der reduziert sich dann auf etwas Wässriges, leicht Fruchtiges, leicht Süßliches, leicht Säuerliches. Ein biologischer Apfel von der Streuobstwiese bietet dagegen einen Kosmos an vielfältigen Aromen und Geschmackserlebnissen.

Die Einseitigkeit des Produkts, das dir Unwohlsein verursacht, ist im Stofflichen gegeben. Der gute Geschmack ist die Folge der stofflichen Vielfalt. Es gibt Detailforschungen zur stofflichen Vielfalt in gezüchteten Lebensmitteln und in Naturprodukten. Im Labor wurde herausgefunden, dass ein Löwenzahnblatt von der Wiese im Vergleich mit einem Salatblatt aus dem Supermarkt ein Vielfaches an lebensfördernden Mineralien, Vitaminen, Enzymen und so weiter enthält.

Völlig einverstanden. Die geschmackliche Vielfalt ist eine sinnlich wahrnehmbare Widerspiegelung der stofflichen Vielfalt. Das ist genau unser Thema. Wenn wir sagen: Naturstoffe haben etwas, das dem Menschen angenehmer und damit eben auch förderlicher ist, dann liegt das an ihrer stofflichen Vielfalt. Zum Beispiel Holz im Vergleich zu Plastik: Bei Plastik habe ich die totale stoffliche Einförmigkeit und strukturelle, haptische und optische Monotonie, während ich bei einem Stück Holz ja schon sehen kann, dass ein Jahresring an der dunklen Stelle eine andere stoffliche Zusammensetzung hat als an der hellen – das ist ebenso evident wie die vielen anderen Dimensionen von Vielfalt und strukturellem Reichtum bei einem Stück Holz.

Aber ich gehe noch einen Schritt weiter: Das Stichwort »Komplexität« ist für die Chemiewende von enormer Bedeutung. Zunächst ist erstaunlich, dass die Evolution diese Komplexität überhaupt als Wirkungsprinzip entwickelt hat. Für einen Naturwissenschaftler ist das erst mal geradezu anstößig. Warum denn nicht alles viel einfacher, übersichtlicher, analytisch sauberer? Warum denn nicht eine Pflanze, die uns mit nur *einem* Stoff und nichts anderem versorgt? Diesen Weg ist die Evolution eben nicht gegangen – offensichtlich aus gutem Grund. Offensichtlich hat sich in diesem Jahrmillionen währenden Anpassungsprozess das Prinzip »Komplexität« als erfolgreicher herausgestellt als das Prinzip »Monotonie«. Und es ist eine Frage der Demut und des Respekts, diese Komplexität als ein Konzept zur Kenntnis zu nehmen, das sich langfristig als erfolgreich erwiesen hat.

Als das bislang einzige langfristig erfolgreiche Konzept.

Das ist für einen klassischen Naturwissenschaftler, insbesondere für einen Chemiker, gar nicht so einfach nachzuvollziehen. Er wird nämlich in seiner Ausbildung geradezu auf dieses Denken »*pro analysi*« – also auf das Arbeiten mit möglichst analysereinen Substanzen – getrimmt: alles rein, keine Nebenprodukte, und wenn Nebenprodukte entstehen – was ja in der wissenschaftlichen Arbeit gar nicht vermeidbar ist – , dann müssen sie abgetrennt werden. Ich muss mit der Reinsubstanz weiterarbeiten.

Die Evolution hat demgegenüber offensichtlich entschieden, dass es ein Abweg wäre, mit Reinsubstanzen zu arbeiten. Sie hat das Konzept der Komplexität als das effektivste System für alle Lebewesen erprobt und beibehalten.

Und deswegen sage ich: Wenn wir die neue Chemie im Wesentlichen auf Pflanzen – oder allgemein auf Naturstoffe – gründen, dann müssen wir von vornherein zwei Prinzipien berücksichtigen: das Prinzip der Komplexität und damit verbunden das Konzept der Diversität oder Vielfältigkeit. Und als Nebeneffekt müssen wir uns von der Illusion der absoluten Reinheit verabschieden.

Was muss denn nun passieren, damit die benötigten Forschungsmittel in die postfossile Chemie gelangen? Welches Forschungsvolumen hat eigentlich die fossile Chemie und wie viel Geld steht zurzeit weltweit für die Erforschung der postfossilen Chemie zur Verfügung? Einen neuen Wirkstoff zu entwickeln kostet durchschnittlich zwei Milliarden Dollar. Ich schätze, dass im derzeitigen Chemiesektor weltweit ein Forschungsvolumen von hundert Milliarden Dollar jährlich aufgebracht wird.

Womöglich ist das noch zu konservativ gerechnet. Wahrscheinlich ist es mehr. Für die postfossile Chemie sind es hingegen vielleicht einige Dutzend Millionen, wenn es hochkommt.

Das ist ja unglaublich. Ich dachte, einige Milliarden vielleicht …

Es hängt natürlich auch davon ab, wo du die Grenzen setzt. Wenn du miteinbeziehst, was weltweit an Phytopharmaka – also an pflanzlichen Arzneiwirkstoffen – geforscht wird, dann käme man sicher in die Nähe der Milliardengrenze und vielleicht sogar darüber hinaus. Eins ist aber klar – und das finde ich viel wichtiger als das reine Volumen: Ich glaube, dass die Wachstumsraten der Forschungsmittel in diesem – im weitesten Sinn des Wortes – postfossilen Bereich schon derzeit wesentlich größer sind als die Wachstumsraten im Bereich der fossil basierten Chemie. Im Bereich der fossil basierten Chemie stagnieren sie auf diesem enorm hohen Niveau.

Das gibt doch durchaus Anlass zur Hoffnung, dass – sagen wir, in den nächsten fünfzehn, zwanzig, fünfundzwanzig Jahren – so etwas wie eine Gleichrangigkeit entsteht.

Es kommt noch hinzu, dass immer mehr Unternehmen erkennen und erkennen werden, dass Investitionen in die fossil basierte Chemie nur noch eine kurze Reichweite haben. Und das mag die Wirtschaft überhaupt nicht, sie will ihre Investitionen auch langfristig gesichert sehen. Damit dieser Gedanke überall ankommt, bedarf es eines stärkeren Bewusstseins der Begrenztheit der Ressourcen. Aktuell ist es leider so, dass etwa das System des Frackings in den USA temporär – nachdem wir schon mal weiter waren – wieder die Illusion der Unerschöpflichkeit gefördert hat. Allerdings sagen seriöse Forschungsinstitutionen, dass das nur ein Strohfeuer ist, weil bereits in fünf bis zehn Jahren erkennbar wird, dass die USA da mit Zitronen gehandelt haben. Aber es kommt der amerikanischen Politik natürlich zupass, die Abhängigkeit von fossilen Ressourcen aus dem Ausland zu reduzieren. Dennoch ist das Fracking ein Bumerang, weil dadurch auch die Nutzung von Land, das wir ja für eine postfossile Chemie dringend brauchen, zusätzlich behindert wird, indem zum Beispiel in der Umgebung dieser Fracking-Einrichtungen das Grundwasser verseucht wird – was die Landwirtschaft zusätzlich beeinträchtigt.

Die beiden größten amerikanischen Chemiekonzerne, DuPont und Dow Chemicals, haben sich von bestimmten Sparten getrennt, sie verkauft, um Mittel frei zu haben und in einen neuen Geschäftsbereich zu investieren. Und der neue Bereich heißt bei beiden Konzernen Lebensmittel. Ich fürchte, das wird keine grüne Landwirtschaft, sondern da wird man noch mal an die Utopien einer synthetischen Nahrungsmittelproduktion anknüpfen.

Ich teile deine Skepsis, möchte sie aber gewissermaßen ausbalancieren durch ein anderes Phänomen, das derzeit in den USA erkennbar wird: dass dort nämlich große Firmen, sogar Hedgefonds, aber auch große Ölunternehmen stark in erneuerbare Energien investieren. Die ziehen sich in zunehmendem Maße aus ihrem klassischen, fossil basierten Geschäft zurück und investieren in eine amerikanische Energiewende. Der Hauptgrund dafür – das ist ein interessanter Aspekt – ist, dass sie im fossilen Wirtschaftsbereich nicht mehr die gewohnten Renditeerwartungen haben. Vor allen Dingen sehen sie: Es kann eigentlich nichts Besseres geben als eine Energieerzeugung mit einer im Wesentlichen kostenlosen Energiequelle. Wie Franz Alt sagt: »Die Sonne schickt uns keine Rechnung.« Das spricht sich inzwischen auch in großen Wirtschaftskreisen herum. Man sieht natürlich auch, dass dabei Durststrecken zu überwinden sind und dass vor allem in Effizienzforschung investiert werden muss. Denn die Wirkungsgrade steigen ja als Folge solcher Forschung nach wie vor enorm an: Bei Solarzellen haben wir um das Jahr 1975 mal angefangen mit weit unter zehn Prozent Wirkungsgrad. Inzwischen gibt es Forschungszellen mit fast fünfzig Prozent Wirkungsgrad, das ist ein gewaltiger Sprung.

Deswegen ist sehr gut verständlich, dass die Wirtschaft sich darauf stürzt. Ich denke schon, es wird im Bereich der Chemiewende einen ähnlichen Effekt geben. Nicht kurzfristig, aber etwas längerfristiger wird erkennbar, dass die Natur auch eine chemische Synthese liefert, für deren Energieaufwand wir nicht bezahlen müssen.

Das ist eigentlich das, wovon ein Wirtschaftsmensch nur träumen kann: eine postfossile, fotosynthesebasierte Chemie – das, was ich »solare Chemie« genannt habe.

4

DIE VIELFALT PFLANZLICHER STRUKTUREN NUTZEN

Horst Appelhagen: Wir haben von der Akzeptanz der neuen Chemie gesprochen. Dazu sollten wir uns das Negativbeispiel Biosprit noch einmal ansehen.

Hermann Fischer: Biosprit ist ein sehr gutes Beispiel, um zu zeigen, was wir bei der neuen Chemie gerade *nicht* wollen. Zusammen mit vielen anderen war ich stets der Meinung, dass Biosprit der falsche Weg ist. Natürlich zog das Argument, Biosprit sei weitgehend klimaneutral, da das CO_2, das im Biosprit steckt, vorher assimiliert war – dass der Verbrauch von Biosprit also ein Nullsummenspiel sei, was so ohnehin nicht stimmt. Ich halte die Einführung des Biosprits schon deshalb für einen falschen Weg, weil das Produkt eine Respektlosigkeit gegenüber den produzierenden Organismen, nämlich den Pflanzen, widerspiegelt. Die chemischen Prozesse, wie man das macht, müssen uns hier nicht im Einzelnen interessieren. Nur so viel: Der in den Pflanzen enthaltene Kohlenstoff wird in eine Kohlenstoffform umgewandelt, die in einem Motor verbrannt werden kann. Aber der Aufbauleistung, der Strukturbildung, die die Pflanze erbringt, wird eine Nutzung als Treibstoff überhaupt nicht gerecht. Die wesentliche Funktion eines Treibstoffs ist, unter Umwandlung in mechanische Energie verbrannt zu werden. Und dabei geht diese strukturelle Komponente, diese Ordnungskomponente und Diversität, die das eigentliche Ziel pflanzlicher Evolution war, verloren.

Die Erzeugung von Biosprit erscheint dir also im Blick auf die Evo-

lution der Pflanzen als Verschwendung, als unverhältnismäßiger Eingriff. Damit dieser Vorgang ökologisch einen guten Eindruck macht, darf nur Palmöl von alten Plantagen verwendet werden. Aber wir wollen doch den Urwald schützen, wir wollen nicht, dass etwa die Abholzung in Südamerika das Klima weiter belastet. Natürlich verkaufen die Plantagenbesitzer gerne das Palmöl von den alten Plantagen an die EU. Die ist ein sicherer Abnehmer, und der Verkauf bringt genügend Geld, um Rodungen für neue Plantagen anzugehen, die den bestehenden Markt mit Speisepalmöl bedienen. Diese Politik der EU ist ökologisch verwerflich.

Aber durch was soll der fossile Kraftstoff ersetzt werden, wenn die Ressourcen verbraucht sind?

Meine Vorstellungen gehen in eine völlig andere Richtung: Ich hätte Biosprit als sogenannte Übergangstechnologie unter strengen Auflagen akzeptieren können; doch unsere Mobilität wird sich auf längere Sicht völlig anders gestalten müssen, mit völlig anderen Mobilitäts- und Antriebssystemen, beispielsweise mit der Brennstoffzellentechnologie.

Schon vor Jahren bekam ich im Labor der Brennstoffzellenforschung von Daimler Benz Einblick in die laufenden Arbeiten – und war beeindruckt, wie weit die damals schon waren. Dann ist das Projekt zunächst ausgebremst worden. Inzwischen wird es wieder aufgenommen. Es gibt in Japan die ersten alltagstauglichen Modelle von Toyota mit Brennstoffzellentechnologie. Bei dieser neuen Technologie ist die treibende Kraft nicht mehr ein Verbrennungsmotor, sondern ein Elektromotor. Die Brennstoffzelle macht aus chemischer Energie direkt – in einem hochkomplizierten elektrochemischen Prozess – elektrische Energie, und elektrische Energie ist das Hochwertigste, was wir haben, weil sie in einem Elektromotor fast verlustfrei in mechanische Energie und damit in Bewegung umgewandelt werden kann. Das ist ein völlig anderer Aspekt der Mobilitätsfrage.

Gehört aber auch zur neuen Chemie.

Ja sicher. Es bedeutet aber, dass wir auf mittlere bis längere Sicht von den Verbrennungsmotoren heutiger Art völlig wegkommen werden und auch müssen, einfach deswegen, weil die heutige Verbrennungstechnologie im Wesentlichen auf das Verbrennen fossiler Brennstoffe ausgerichtet ist. Doch zurück zum Thema Biosprit: Ich halte ihn für eine Sackgasse, weil wir die Pflanzen für andere Dinge brauchen.

In deinem Buch »Stoff-Wechsel« hast du gesagt, das Verhältnis der möglichen Pflanzenproduktion zum Bedarf ist 1000 : 1. Also wäre doch genügend Phytomaterial da, um auch Sprit zu produzieren.

Das ist richtig, aber man muss auch sehen, dass jede Entnahme aus der Biosphäre eine Störung darstellt. Daraus folgt das Gebot der Minimierung und der Priorisierung: Wie kann ich die Störung möglichst gering halten, und welches unverzichtbare Ziel rechtfertigt die Störung?

Du sagst, Spritproduktion bedingt eine Entnahme. Wenn ich ein Produkt aus Pflanzenstoffen herstelle, ist es dann keine Entnahme?

Doch, es ist auch eine Entnahme, eine Störung.

Die Pflanzenstoffe kehren in den Kreislauf zurück. Wenn das Laub vom Baum fällt, verwest es und geht im Kreislauf der Natur nicht verloren.

Jede Entnahme aus dem natürlichen Stoffkreislauf ist eine Störung – selbst dann, wenn ich nur einen kleinen Umweg mache und sage, ich entnehme die Biomasse, mache irgendetwas damit und gebe sie dann nach einiger Zeit – bei einem Baum, den ich zu

Möbeln verarbeite, vielleicht erst nach ein paar Hundert Jahren – in den Biosphärenkreislauf zurück.

Na gut, aber diese Störung können wir doch vernachlässigen, oder nicht? Wenn die neue Chemie in diesem Sinne störungsfrei sein soll, dann wird es eng.

Deshalb benötige ich eine Rechtfertigung für die Störung durch die Entnahme. Nämlich dass es für die Deckung eines nachvollziehbaren, dringenden Bedarfs keine Alternative gibt. Was die Produkte der neuen Pflanzenchemie betrifft, wäre die Alternative die fossile Basis, und von der fossilen Basis wollen und müssen wir weg. Das ist bei der Antriebstechnologie aber ganz anders. Da haben wir Alternativen, wie beispielsweise die Brennstoffzellentechnologie, die mit solar erzeugtem Wasserstoff arbeiten könnte, also ohne Pflanzenentnahme. Und deswegen macht das für mich argumentativ und auch ethisch gesehen einen erheblichen Unterschied.

Dennoch, um aus dem Projekt Biosprit zu lernen: Diese Reserviertheit gegenüber dem Biosprit, die du persönlich hast, teilen ja eher besonders Umweltbewusste.

Verbraucher sind vor allem aus Gründen reserviert, die sich aus der chaotischen Einführung ergeben haben.

Darauf wollte ich hinaus und fragen, wie solche Fehler vermieden werden können.

Das Beispiel »Biosprit« ist schon deshalb gut, weil das Element der Verführung zum Guten völlig untergegangen ist: Für einen durchschnittlichen Verbraucher gab es nie einen wirklichen psychologischen Anreiz, diesen Biosprit zu verwenden. Der Verbraucher sah nur eine zusätzliche Zapfsäule und damit eine Verkomplizierung seines Autofahrens. Es kam hinzu, dass irgendwann an dieser Zapfsäule stand: »Achtung, nicht für alle Motoren geeignet!« Eine weitere Hemmschwelle.

Das Produkt war nicht reif für die Empfehlung. Und ein weiterer schwerwiegender Fehler: Der Bock wurde zum Gärtner gemacht. Die Ölkonzerne mussten den Biosprit verkaufen, produzierten ihn jedoch nicht und hatten folglich nur ein geringes betriebswirtschaftliches und kein strategisches Interesse an dem Produkt.

Und es kam ein weiterer negativer Faktor hinzu. Viele Umweltverbände polemisierten gegen diesen Biosprit, weil die Gesamtbilanz nicht so strahlend war, wie am Anfang behauptet wurde.

Weil im Produktionsprozess eine erhebliche Umweltbelastung entstand.

Genau, denn der Weg vom Pflanzenstoff zum Biosprit ist relativ weit. Das heißt also, es sind nicht minimalinvasive chemische Veränderungen notwendig gewesen, sondern stark invasive Verfahren, die die Energiebilanz und damit natürlich die Ökobilanz eines solchen Produkts belasten. Meine vorige Argumentation gegen den Biosprit – dass die Produktion eine Respektlosigkeit gegenüber der strukturellen Aufbauleistung der Pflanze ist – spielt bei den Umweltbewegten eine eher geringe Rolle. Dieses Argument entstammt einer Sichtweise, die sich im Umweltbereich noch nicht durchgesetzt hat, obwohl sie ja eigentlich grundlegend für den gesamten Natur- und Umweltschutz ist.

Die Respektlosigkeit im Umgang mit Pflanzen, aus denen Brennstoffe für Kraftfahrzeuge werden, wollte ich noch einmal hinterfragen. Wie ich dich verstanden habe, ist es für dich etwas anderes, wenn das Holz zwischendurch ein Möbelstück war und sozusagen mit Verspätung wieder Humus oder Asche oder was auch immer wird, jedenfalls in den Kreislauf der Biosphäre zurückkommt.

Wenn aus Pflanzen Benzin produziert wird, ist das Produkt ein Destillat, das verpufft. Das war nicht Zweck der Pflanze, ist also eine ungerechtfertigte Störung. Es ist aber einiges von der Pflanze übriggeblieben, das nicht im Destillat enthalten ist und auf traditionelle Weise in den Kreislauf der Natur zurückkehrt.

Das ist tatsächlich der einzig ökologisch und evolutionär positive Aspekt des Biosprits: dass für seine Herstellung nur Teile der Pflanze verwendet werden. Es bleibt also etwas übrig – Ausarbeitungs- und Destillationsrückstände, die Fachleute sprechen dabei übrigens immer von »Biomasse«. Ich finde, das ist ein verheerendes Wort, aus philosophischer wie aus psychologischer Sicht. Denn es suggeriert etwas Minderwertiges, respektlos zu Behandelndes: Masse, Massenhaftes. Deswegen habe ich mich gegen das Wort »Biomasse« immer gewehrt. – Aber zurück zu deiner Frage: Diese Hinterlassenschaften der sogenannten Bioraffinerien können oft sinnvoll genutzt werden, beispielsweise die Eiweißanteile der Pflanzen. Diese Eiweißkomponenten können ja heute schon aus ganz neuartigen Quellen gewonnen werden, zum Beispiel aus Lupinen statt aus dem nicht selten problembehafteten Soja. Die Umweltbilanz von Lupineneiweiß ist wesentlich besser als bei Soja – von Eiweiß aus tierischer Quelle ganz zu schweigen. Für diese interessante Entwicklung ist Forschern 2014 der Deutsche Zukunftspreis verliehen worden. Für mich ist das ein Beispiel dafür, dass eine neue Betrachtungsweise der Pflanzenproduktion auch die Grundlage für Innovationen sein kann. An Lupinen hat im Zusammenhang mit der neuen Chemie zunächst keiner gedacht, weil man – naheliegender Weise – als Grundstoffe erst mal diejenigen in den Blick nahm, die schon in größeren Mengen verfügbar sind, wie Weizen oder eben Soja.

Lupinen wurden doch auch zum Beispiel als Gründünger verwandt, als Zwischensaat.

Ja, aber da ist der Kreislauf sehr kurz geschlossen. Sie wachsen auf und werden dann wieder untergepflügt. Sie dem Kreislauf eine Zeit lang zu entnehmen, um daraus hochinteressante, hochkomplexe Eiweißstoffe zu gewinnen, die auch in der Ernährung verwendet werden können, zum Beispiel bei der Herstellung von Speiseeis, das finde ich schon sehr spannend.

Warum?

Weil die Lupine ja zu den Pflanzen zählt – was übrigens für die meisten Färbepflanzen gilt –, die ausgesprochen anspruchslos sind, was die Bodenqualität betrifft. Und im Gegenteil …

… sogar ein Bodenverbesserer ist …

… Bodenverbesserer par excellence, vor allem durch die Stickstoffassimilation in den Knöllchenbakterien. Also ein wunderbares Beispiel für eine Innovation, die quer zu üblichen Innovationssträngen liegt. Kürzlich hat der Leiter des Max-Planck-Instituts für Innovation und Wettbewerb, Dietmar Harhoff, in einem Interview gesagt: Unser Problem ist, zum Beispiel im Bereich der Chemie – die hat er ausdrücklich erwähnt –, dass die entscheidenden Basisinnovationen hundertfünfzig Jahre alt sind. Das heißt also, es fehlt das wirklich Neuartige, das ja im Wort »Innovation« steckt. Wir haben die Basisinnovationen von 1860, 1870 zwar perfektioniert, aber wir haben sie nicht revolutioniert. Wir haben also keine wirklich neuen Grundlagen geschaffen. Und er sagte, dass die Innovationen, die wir brauchen, um eine neue, nachhaltige Zukunft zu gestalten, sich von diesen alten Basisinnovationen völlig lösen müssen. Er hat das nicht nur auf die Chemie bezogen, sondern auch auf die Energietechnik. Die bereits angesprochene Brennstoffzellentechnologie wäre eine solche neue Denkweise – mit unseren Überlegungen zu einer neuen Chemie sind wir also durchaus auf der Höhe der Zeit. In der neuen sogenannten Hightech-Strategie der Bundesregierung, in der auch die neue, nachhaltige Chemie eine Rolle spielt, ist sogar die Forderung nach »disruptiven« Innovationen und einem grundlegenden Wandel ausdrücklich formuliert. Da passt unsere »Chemiewende« perfekt hinein.

Wir sprachen von der Biomasse, die bei der Herstellung von Biosprit zurückbleibt. Du lehnst den Begriff generell ab.

»Komplex strukturierte Pflanzenstoffe« würde es vielleicht besser beschreiben. Eine strukturelle Qualität bedeutet immer zugleich eine chemische Funktionalität. Am Beispiel Biosprit kann man das sehr gut zeigen: Die chemische Funktionalität ist dem Teil, der in einem Motor verbrannt wird, fast völlig verloren gegangen. Da ist nicht viel mehr übrig als die übliche petroleumartige Flüssigkeit, die man in einem Motor verbrennt. Die einfachen Kohlenwasserstoffe des Biosprits sind zwar etwas anders als im normalen Benzin – sie haben einen Sauerstoffanteil. Trotzdem: Unter Strukturgesichtspunkten und unter Gesichtspunkten der chemischen Funktionalität ist das etwas relativ Primitives. Das, was in der Raffinerie zurückbleibt, hat demgegenüber diese Primitivität nicht, beispielsweise in seinen Eiweißanteilen. Jedes Eiweiß ist hochkomplex, die Komplexität der Eiweiße ist ja eine der entscheidenden Grundlagen für alles Leben. Und deswegen ist das eine gute Anregung, in diesen ganzen Prozessen auf die Rückstände zu schauen und auch diese respektvoll zu behandeln und sie nicht, weil sie übriggeblieben sind, nur unterzupflügen oder zu verbrennen.

Wenn du dies als Rahmen für die neue Chemie postulieren würdest – die Struktur muss erhalten bleiben, es darf kein reines Destillat entstehen –, dann käme die neue Chemie wahrscheinlich in Schwierigkeiten. In der weiteren Entwicklung wird es nicht immer möglich sein, die Strukturen des Phytomaterials zu bewahren.

Das sehe ich nicht so, im Gegenteil. Ich will es nicht zu mechanistisch betrachten, aber um der Kürze willen: Das Entscheidende an der Qualität von Pflanzenmaterial ist die chemische Funktionalität. Und die chemische Funktionalität ist immer eine Folge von komplexen Strukturen, die in den sekundären Pflanzeninhaltsstoffen durch Fotosynthese gebildet worden sind. Das heißt also: Da haben wir etwas ausgesprochen Wertvolles. Die entscheidende Wertschöpfung findet in der Biosphäre statt. Die verarbeitende Industrie nutzt den geschaffenen Wert in der höchstmöglichen Form und bringt allenfalls einen Mehrwert dazu. Die Petrochemie hat den Konstruktionsfehler, dass sie die Wertschöpfung, die auch in Erdöl steckt, gar nicht nutzt, sondern das Öl erst mal crackt, das heißt also zerstört, in kleine Bausteine zerlegt und damit Wertschöpfung vernichtet, um diese Bausteine anschließend mit viel Energieaufwand wieder zu etwas Wertvollerem umzuwandeln. Das halte ich für *den* entscheidenden strukturellen Fehler der Petrochemie.

Nun zu deiner Frage: Ich sehe, von Sonderfällen abgesehen, keinen relevanten Anteil von Produkten der neuen Chemie, bei dem es notwendig wäre, die chemische Identität – die in der Pflanze geschaffene Ordnung, ihre chemische Funktionalität – zu zerstören. Wofür denn? Was wir in den Produkten der neuen Chemie brauchen, ist immer etwas Hochkomplexes. Jede Faser, die wir für Kleidung oder andere Textilien brauchen, ist hochkomplex.

Viel komplexer, als wir auf den ersten Blick sehen. Wir sagen: »dumm wie Stroh«, aber selbst Stroh ist etwas chemisch-funktional Hochkomplexes – nicht nur durch den Zelluloseanteil, sondern auch durch den Anteil der Bindestoffe, die da drin sind, und vieles mehr. Nicht ganz so komplex wie ein Eiweiß, aber doch auch sehr komplex. Weiter zu den Farbstoffen: Farbigkeit entsteht überhaupt erst durch hohe Komplexität. Dazu braucht es sogenannte konjugierte Doppelbindungen und viel chemisches Drumherum.

Mir geht es nur darum, die Grenzen deiner Forderung, die Strukturen des Pflanzlichen zu erhalten, abzustecken.

Natürlich werden wir die hochstrukturierten Moleküle, die aus der Phytochemie entstehen, nicht immer unverändert lassen können. Aber ein Umdenken fällt klassisch geschulten Chemikern auch deshalb so schwer, weil sie immer als Erstes an die Veränderungsmöglichkeiten denken. Das steckt in den Chemiker-Genen seit hundertfünfzig Jahren drin: Du hast eine Substanz vor dir – und als Allererstes willst du sie verändern, und zwar so radikal wie möglich.

Für die Veränderung bekommst du dann die Prämie.

Ja. Obwohl ich ja ein leidenschaftlicher Chemiker bin, versuche ich, diesem nachvollziehbaren Impuls, diesem angemaßten Schöpfertum einen Schritt vorzuschalten, nämlich: zu prüfen, ob bei der ungeheuren Vielfalt von Stoffen, die in der Biosphäre entstehen, nicht ein Stoff dabei ist, der passt und den ich deswegen nicht mehr verändern muss.

Die neue Chemie wird in dem Maße neu sein, wie es gelingt, in den Strukturen der Pflanzenstoffe hochgeniale Lösungen zu finden. Gibt es Datenbanken für Pflanzenstoffe?

Im Bereich der Biopolymere, also der »Kunststoffe« aus nachwachsenden Grundstoffen, sind solche Dateien im Aufbau. In Hannover gibt es ein Institut, das sich mit Biopolymerforschung beschäftigt und eine solche Datenbank aufbaut. Das ist ganz wichtig. Aber wir sind da – aus fast nicht nachvollziehbaren Gründen – noch ganz am Anfang. Wir wissen unendlich viel mehr über die chemischen Eigenschaften, Qualitäten, Verwendungsmöglichkeiten von petrochemischen Stoffen als über die pflanzlichen Stoffe. Und das hat mit dem technologischen und mentalen Bruch in den 1860er-, 1870er-Jahren zu tun, der mit der Entstehung der modernen fossilchemischen Industrie zusammenhängt. Da ist ein ganzer Erfahrungs- und Wissenskomplex innerhalb weniger Jahre plattgemacht worden, nämlich die pflanzliche Warenkunde und Technologie. Die Warenkunde – und das ist ja genau das, was du mit einer Datenbank ansprichst – war im Bereich der pflanzlichen Stoffe einmal ausgesprochen hoch entwickelt. Mitteleuropa war ein herausragendes Zentrum dafür. Natürlich gab es auch in Indien eine hoch entwickelte Warenkunde und eine klassische, traditionelle Warenkunde in China. Doch was die Bedürfnisse der neuen Chemie beträfe, war die Warenkunde in Mitteleuropa besonders stark entwickelt. Und sie ist nicht fortgeführt worden. Das hat dazu geführt, dass Chemiker, die in den 1970er-Jahren versucht haben, daran anzuknüpfen, erst mal quasi vor dem Nichts standen und die alten Quellen mühsam rekonstruieren und reaktivieren mussten.

Wenn ich dich recht verstehe: Diese Lücke in der Tradierung und Pflege des Wissens vor hundertfünfzig Jahren muss erst wieder geschlossen werden, unter anderem durch solche Datenbanken. Das wird dann wohl eine der entscheidenden Forschungsfragen: das

Wissen über die vielfältigen Qualitäten dieser hochkomplexen Welt der Biosphäre neu aufzubauen, damit künftige Forscher, künftige Chemikerinnen und Chemiker in eine Datenbank blicken und sagen können: »Bevor ich anfange, an dem Molekül synthetisch herumzubasteln, gucke ich doch mal, ob es vielleicht bereits ein geeignetes Molekül aus einer pflanzlichen Quelle gibt.« Zum Beispiel der Lupine.

Zum Beispiel der Lupine. Und nach meiner Erfahrung erlebt man bei einer solchen respektvollen und zugleich neugierigen Herangehensweise an jede Pflanze, auch die unscheinbarste, unglaublich positive Überraschungen, was alles in ihnen steckt.

Aus dem Ernährungssektor kann ich das bestätigen.

Genau. Und das ist ein weiterer Grund, weshalb ich mich gegen das Wort »Biomasse« sträube: Weil in diesem Wort nichts von diesem überraschenden Element der Vielfältigkeit, der Variationsbreite, des Funktionsreichtums erhalten ist.

Neben der Sackgasse der Entwicklung von Biosprit hast du auch von der sehr holprigen Energiewende gesprochen.

Zu einem Teil waren diese Holprigkeiten vielleicht fast unvermeidlich, einfach deswegen, weil so kurzfristig Entscheidungen von großer Tragweite getroffen wurden – Stichwort »Fukushima«. Niemand – außer dem unvergessenen Hermann Scheer, dem genialen Pionier und Vorkämpfer der erneuerbaren Energien – hatte die konzeptionellen und praktischen Details einer Energiewende bereits vorbedacht und damit quasi in der Schublade.

Aber was hätte in der Schublade sein müssen?

Mehr Vielfalt in den Konzepten zur Umsetzung der Energiewende. Hermann Scheer hat schon damals für diese Vielfalt plädiert, sie war konstitutiver Bestandteil seiner Denkweise. Die heutigen

Praktiker und Entscheider der Energiewende müssten viel mehr Alternativen prüfen und entwickeln. Um die Atomkraft zu ersetzen, gibt es nicht nur Gaskraftwerke und Windkraftwerke. Es gibt auch zum Beispiel Gezeitenkraftwerke, Wellenkraftwerke und eine qualitativ bessere Fotovoltaik. Erst jetzt sehen wir: Es sind noch Riesensprünge in der Effizienz möglich, allein durch die Auswahl der Materialien. Man erkennt inzwischen, dass das in der Fotovoltaik bisher benutzte Silizium nicht optimal ist, sondern dass es andere Stoffkombinationen für Solarzellen gibt, die Effizienzsprünge erlauben. Und es fehlte an ästhetischer Sensibilität und Kreativität, die ja auch für die Chemiewende Schlüsselelemente sind. Man kann also feststellen: Es geht in der neuen Chemie nicht nur um das respektvolle Umgehen mit den chemischen Strukturen, mit den Molekülstrukturen, sondern es geht auch um das Fließenlassen der Substanzen in den Apparaturen, um eine andere Art von thermischer Behandlung, die sich nach anderen Prinzipien richtet, sodass beispielsweise Hochtemperaturprozesse oder Hochgeschwindigkeitsprozesse, die sehr stark zerschlagend oder desintegrierend wirken, vermieden werden. Also: Der neuen Chemie muss eine neue Technologie an die Seite gestellt werden.

Und das kann mit der Entwicklung eines stark diversifizierten und dezentralisierten Produktionskonzepts auch gelingen. Auf der Grundlage einer breiten Palette an lokalen Rohstoffen lässt sich eine widerstandsfähige Infrastruktur aufbauen. Mit der Digitalisierung haben wir heute Technologien, um eine solche Dezentralisierung hocheffizient und produktiv realisieren zu können. Es ist zum Glück nicht mehr so, dass ich nur mit immer größeren Produktionseinheiten effektiv wirtschaften kann. Mit der Mikroreak-

torentechnik haben wir zum Beispiel einen Innovationsansatz, dessen Potenzial noch gar nicht ausgeschöpft ist und nicht hoch genug eingeschätzt werden kann.

5

ERFAHRUNGSWISSEN VERFÜGBAR MACHEN

Horst Appelhagen: Datenbanken für die chemischen Eigenschaften der pflanzlichen Stoffe sind ein großes Thema. Wenn die neue Chemie glücken soll – so habe ich das verstanden –, ist augenblicklich nichts wichtiger. Außer vielleicht Warenkunde und Techniken für die Erschließung der biologischen Stoffe.

Der Aufbau solcher Datenbanken, die wohl nichts anderes sind als ein »Archiv der Reichhaltigkeit an Substanzen biologischen Ursprungs«, setzt aber die Entwicklung eines Bewusstseins voraus, wofür diese Reichhaltigkeit oder Vielfalt an stofflichen Qualitäten überhaupt gut sein kann.

Hermann Fischer: Das ist ein entscheidender Punkt. Ohne nostalgisch zu werden: In früheren Zeiten war dieses Bewusstsein der Reichhaltigkeit – und zwar sehr funktionell und pragmatisch – bei bestimmten Menschen vorhanden, ohne Elektronik, ohne Datenbank.

Zum Beispiel bei den Kräuterfrauen. Diese Menschen hatten durch den Umgang mit vielfältigsten Substanzen einen ungeheuren Erfahrungsschatz und wussten – sozusagen ohne nachzudenken – bei einem bestimmten Bedarf für eine letztlich chemische Substanz sofort, zu welcher Pflanze sie greifen mussten.

Man könnte das Prinzip »Datenbanken« ja auch kritisch sehen, weil sie als eine Art abwehrende Auslagerung fungieren könnten, nach dem Motto: »Pah, wir wissen ja alles über die vielfältigsten Substanzen der Welt, das ist in elektronischen Datenbanken archiviert, also brauchen wir uns nicht mehr darum zu kümmern.« Meine Hoffnung wäre deshalb, dass die Chemikerinnen und Chemiker der Zukunft, auch die Techniker, schon aus Freude an der Sache, an der Vielfalt und Reichhaltigkeit der Naturstoffe ein hohes Eigenbewusstsein entwickeln, sodass die Datenbanken nur eine Art Unterstützungsfunktion haben.

Manches ist auf dem Sektor hochtechnischer biologischer Stoffe schon passiert. Zum Beispiel wurde für den Unterwassereinsatz ein Klebstoff aus Muscheln gewonnen, der wirksamer und effektiver ist als alles, was bisher synthetisch hergestellt werden konnte. Danach konnte durch systematische Variationen einer bakteriellen Substanz, die einem klebrigen Protein der Muschel ähnelt, aufgeklärt werden, wie biologischer Klebstoff im Meerwasser funktioniert. Es gibt viele weitere Beispiele. Werden solche Entdeckungen und Entwicklungen bereits gesammelt? Kann VW diesen besonderen Kleber im Automobilbau nutzen? Das sehe ich auch als Zweck der Datenbanken an, dass die erfolgreichen biologisch basierten Entwicklungen verfügbar sind und möglichst breit genutzt werden.

Natürlich, das ist inzwischen ein ganzer Forschungszweig, der unter dem Oberbegriff »Biomimetik« läuft, also das Nachahmen der Erfolgsprinzipien der Biosphäre. Übrigens ist ja ein Zweig der Biomimetik die Bionik, die in technischem Bereich umzusetzen versucht, was die Natur vorbildhaft anregt.

Eine Anwendung dieser biomimetischen Herangehensweise wäre zum Beispiel, dass man die Oberflächen von Windradflügeln nicht mehr möglichst glatt macht, wie es jetzt üblich ist, sondern dass Prinzipien von Delfinhäuten oder Haihäuten untersucht, die eben nicht absolut glatt sind. Auch die Samen von Ahornbäumen, die runtersegeln, sind nicht perfekt glatt. Das hat den Sinn, dass sie sich so weit wie möglich von ihrem Ursprungsbaum entfernen.

Ein anderes Beispiel: das »Energiesparwunder« Pinguin. Pinguine können dank ihrer strömungsgünstigen Eigenschaften mit der Energie, die einem Liter Benzin entspricht, eintausendfünfhundert Kilometer weit schwimmen.

Und ihr Federkleid ist eben nicht absolut glatt, sondern reich an Strukturen und übrigens auch an chemischen Substanzen, weil die Federn in einer bestimmten Weise geölt sein müssen. Pinguine haben, wie alle Wasservögel, Drüsen, aus denen sie Sekret entnehmen, mit dem das Federkleid immer wieder präpariert wird. Das ist ein Prinzip, dass man biomimetisch nutzen kann, um intelligente neue Substanzen und damit auch Funktionen zu entwickeln.

Allerdings muss man auch ein wenig aufpassen: Häufig wird Biomimetik missbraucht, indem man sich zum Beispiel diesen Muschelklebstoff anschaut und dann als Allererstes versucht, ihn im Labor aus fossilen Grundstoffen synthetisch herzustellen. Das halte ich wieder für den falschen Weg. Viel sinnvoller wäre es, diese Klebstoffprinzipien, die in der Natur Legion sind, anzuschauen und zu fragen: »Wo kann ich das tatsächlich direkt gewinnen, ohne es neu zu synthetisieren?« Solche Möglichkeiten gibt es.

Wie willst du das machen, eine Muschelzucht aufbauen und dann den Muscheln den Klebstoff entnehmen?

Ich glaube nicht, dass das die einzige Möglichkeit wäre. Diese Muscheln sind ja nur ein Beispiel dafür, wie sich Materialien oder auch Organismen selbst unter Wasser sehr fest an einen Untergrund heften. Da kommt dann wieder das Thema »Datenbanken« auf. Statt sich auf dieses eine Muschelprinzip zu stürzen, sollte man sammeln, was es überhaupt an Klebstoffprinzipien in der Natur gibt, um vielleicht eines zu finden, bei dem ich nicht einen Stoff aus dem tierischen Bereich extrahieren muss – das ist immer mit ethischen und oft auch technischen Problemen verbunden –, sondern wo ich beispielsweise eine Lösung auf pflanzlicher Grundlage entwickle.

Wie hast du es denn mit den AURO-Klebern gehandhabt?

Da konzentrieren wir uns im Wesentlichen auf pflanzliche Rohstoffe, zum Beispiel ist der Naturkautschuk ein pflanzliches Produkt. Oder Stärke, auch ein sehr gut klebendes pflanzliches Produkt. Auch Baumharze haben eine sehr starke Klebwirkung. Oder das Casein, ein Milcheiweiß, für das es gewiss analog wirkende Proteine aus pflanzlicher Quelle gibt. Das Geheimnis ist oft die Kombination dieser Prinzipien. Dabei muss ich auch sagen: Das, was wir in den wenigen Jahren oder Jahrzehnten unserer Existenz als mittelständisches Unternehmen haben erfinden können, ist nur ein winziger Bruchteil dessen, was an Erfindung möglich wäre, wenn man im großen Stil denken und arbeiten könnte. Also wenn BASF eines Tages sagt: »Wir hören auf mit den fossilen Grundstoffen, weil das keine Zukunft mehr hat«, dann würde von dem Tag an die Innovationskraft der Forschenden bei BASF auf dieses Neue gerichtet.

Gut. Der andere Aspekt war ja: Die neue Chemie musste nicht bei null anfangen. Es gab zweitausend Jahre Chemie, bevor die fossile Chemie in Erscheinung trat.

Fünfzigtausend Jahre.

Noch besser. Warum fünfzigtausend Jahre?

Weil zum Beispiel die Materialien, die benutzt wurden, um Pigmente der Höhlenmalereien an den Höhlenwänden zu fixieren, schon eine Art früher Chemie darstellen. Und abgesehen davon: Selbst wenn man den Zeitraum enger fassen will, sind es nicht zweitausend Jahre, sondern eher viertausend bis fünftausend Jahre. Schon mit dem Beginn der sogenannten frühen Hochkulturen in Mesopotamien, Ägypten und so weiter sind chemische Prinzipien angewandt worden. Das ist ein Phänomen der Geschichtsforschung, das mich total fasziniert. Wir haben unsere Vorfahren fortwährend unterschätzt – und ich bin der Meinung, wir unterschätzen sie immer noch. Die überraschend hohe Qualität der Materialpraxis der Alten liegt – jetzt komme ich wieder auf dieses Thema – an ihrem Bewusstsein für Vielfalt. Es war einer der Schlüssel des chemischen Wissens der frühen Hochkulturen, dass es in diesen Kulturen Menschen gab, die aus Erfahrung – und vielleicht auch aus einer gesteigerten Aufmerksamkeit gegenüber den Stoffen – in der Lage waren, die chemischen Prinzipien, die es in der Natur gibt, sinnvoll zu nutzen. Wenn wir heute von einem Beginn früher Hochkulturen vor fünftausend Jahren sprechen, kann es gut sein, dass neue Forschungen das eines Tages noch weiter vorverlegen.

Du hast ja von Erfahrung gesprochen, Menschen, die Erfahrung hatten und das Richtige sahen und es funktionell zu nutzen wussten. Das fällt heute unter den Begriff »Erfahrungswissenschaft«. Wie kann dieses Erfahrungswissen erschlossen werden? Gibt es Unternehmen, die mit solchem Erfahrungswissen arbeiten? Ihre Lösungen werden von unserer Gesetzgebung ja oft zurückgedrängt, indem Zulassungserfordernisse aufgestellt werden, die ökonomisch nicht erfüllbar sind.

Zum Erfahrungswissen und dessen möglicher Nutzung für die Chemiewende muss ich leider feststellen, dass die gegenwärtigen regulatorischen Vorgaben, die im Wesentlichen in Brüssel formuliert werden, überhaupt nicht förderlich sind. Ein Beispiel: Viele Konservierungsfragen, die sich immer stellen, wenn du ein Produkt hast, das Wasser enthält und biologisches Material, pflanzliches Material, lassen sich durch Zusatz von minimalen Mengen ätherischer Öle ganz leicht lösen – wir reden wirklich vom Promillebereich –, ätherischen Ölen, von denen man seit Jahrtausenden weiß, dass sie gegen bestimmte Mikroben wirken. Diese Wirkung ist interessanterweise dergestalt, dass die enthaltenen Wirkstoffe diese Mikroben nicht radikal abtöten, wie das ein Biozid – der Name sagt es ja – tut; statt des mikrobiziden, abtötenden Effekts ist eher ein mikrobistatischer, also ein nur das Ausbreiten verhindernder Effekt da.

Es kommt in diesem Fall nur darauf an, dass die Mikroben sich nicht weiter vermehren – ich muss sie nicht abtöten.

Und dafür sind bestimmte ätherische Öle perfekt. Jedes Abtöten bewirkt, dass Bakterien – darauf sind sie evolutionär getrimmt – Ausweichstrategien entwickeln, um gegen das abtötende Element Resistenzen zu bilden. Das ist nicht nötig, wenn das Mittel nicht abtötet, sondern nur hemmt. Wir sehen da ein interessantes, sehr nachahmenswertes Erfolgsprinzip der Biosphäre: nicht mit dem großen Hammer draufzuhauen, sondern eine Art Kompromiss zu schließen. Und nun kommt das Problem: Diese milden, mikrobistatisch wirkenden ätherischen Öle sind durch eine europäische Verordnung – die sogenannte Biozidverordnung – als Konservierungsmittel verboten worden. Das führt zu dem absurden Ergebnis, dass Unternehmen, die früher mit solchen milden ätherischen Ölen ausgekommen sind, regelrecht gezwungen werden, zur chemischen Kanone zu greifen! Einfach weil diese

Chemikalien – obwohl viel gefährlicher, viel umwelt- und gesundheitsschädlicher, da sie auf rein petrochemischen Grundstoffen basieren – eine amtliche Zulassung haben. Das ist ein sehr problematisches regulatorisches Prinzip: dass man nur Stoffe einsetzen darf, die auf einer sogenannten Positivliste stehen – wobei der Begriff ›positiv‹ eigentlich völlig falsch ist, weil es eine Positivliste mit ausgesprochen negativen Wirkungen ist. Denn auf diese Positivliste gelangen nur die Stoffe, die das volle Programm an Tierversuchen und anderen Tests durchlaufen haben, um bestimmte, rein quantitative Daten zu ermitteln. Die Ermittlung von rein quantitativen Daten ist nicht das, was Erfahrungswissen umfasst. Da gibt es also eher eine Negativtendenz.

Lass uns vielleicht bei dieser Tendenz bleiben, denn es lohnt sich nicht, anzuknüpfen, wenn wir keine Chance haben, das, was wiederentdeckt worden ist, zu aktivieren und Neues zu entdecken. Wenn ich neue, phytochemisch entwickelte Stoffe nur einsetzen darf, nachdem ich diesen Riesenkatalog von Stoffversuchen und Proben abgearbeitet habe, dann sind die Chancen gering. Bildet sich da kein Widerstand? Wie kann dieses Regulativ aufgebrochen werden?

Wir brauchen Allianzen. Im Augenblick kämpft jeder Anwender pflanzlicher Grundstoffe mit diesem regulatorischen Problem ganz für sich allein – die Phytopharmazeuten für sich, die Phytotherapeuten und Phytokosmetikhersteller für sich, ebenso wie die Hersteller von Wasch- und Reinigungsmitteln auf der Basis von pflanzlichen Substanzen und Biolandwirte, Hersteller von Farben auf natürlicher Grundlage. Wir sind in vielfältige Interessengruppen gespalten, die alle eigentlich das Gleiche wollen – oder zumindest gleiche Prinzipien wollen. Sie werden deswegen von den Bürokraten aus Brüssel beherrscht.

Und aus Berlin. Demgegenüber hat die Industrie der fossilen Chemie sicher Tausende von Lobbyisten, die in Brüssel und Berlin einen unmittelbaren Zugang zu den Menschen haben, die diese Gesetzestexte oder Verordnungen verfassen.

Das heißt also, wir brauchen Allianzen. Ich bin durchaus davon überzeugt, dass das gesellschaftliche Bewusstsein – zumindest bei engagierten, fortschrittlicheren Menschen – gegen diese einschränkenden regulatorischen Prinzipien ist. Das sieht man beispielsweise in der positiven Entwicklung des Bewusstseins im Ernährungsbereich. Wenn ich mich erinnere, welche Schwierigkeiten meine Familie und ich vor dreißig Jahren hatten, Lebensmittel in guter Qualität kaufen zu können, und wie viel leichter das heute ist – bei allen Übertreibungen, die es da auch gibt –, dann muss ich sagen, da ist dort inzwischen so etwas wie ein breiteres gesellschaftliches Bewusstsein gewachsen. Diese positive Entwicklung muss sich auf anderen Feldern erst verstärken und vor allem konkretisieren.

Nun bist du ja Präsidiumsmitglied des NABU. Warum tun sich nicht dort diese vielen Einzelkämpferbranchen, die du eben aufgezählt hast, zusammen? Oder welcher andere Verband könnte das auf Bundesebene, vielleicht sogar auf europäischer Ebene sein?

Ein Verband wie der Naturschutzbund böte natürlich eine gute Grundlage für eine solche Arbeit, schon weil er über sechshunderttausend Mitglieder hinter sich weiß. Außerdem hat der NABU auch einen hauptamtlichen Repräsentanten in Brüssel. Aber es ist doch so: Der Naturschutzbund befasst sich vor allem mit Naturschutzfragen und muss sich bei der Begrenztheit der Ressourcen vor allen Dingen darauf konzentrieren zu verhindern, dass der biologische Reichtum, die sogenannte Biodiversität, durch eine falsche Landwirtschafts- und Forstwirtschaftspolitik weiter eingeschränkt wird. Da es bei der Chemie um ein Problem eines bestimmten Wirtschaftsbereichs geht, bin ich der Meinung, dass dieser Wirtschaftsbereich einen eigenen Verband etablieren müsste, der sich dann auf die Frage der Zulassung der phytochemischen Grundstoffe konzentrieren kann, die für den Naturschutzbund nur ein Nebengleis sein kann. Der Naturschutzbund könnte in einem solchen Verband selbst wiederum Mitglied sein, um ihn mit seiner politischen Durchschlagskraft zu unterstützen. Diese Allianzbildung steht tatsächlich aus.

Wie kann man generell bewirken, dass die Forschung sich stärker biogener Stoffe, Strukturen und Verfahren annimmt? Derzeit steht die Forschung ja weitgehend unter dem Diktat der ökonomischen Nutzbarkeit. Das ist eine ungünstige Entwicklung, weil sie dem Forschergeist entgegensteht. Denn forschen – im Sinne von neugierig sein – erfordert immer auch einen enormen Freiraum. Die großen Forscher, die die Menschheit in der Vergangenheit vorangebracht haben, sind völlig neue Pfade gegangen. Doch auch in den biologischen Wissenschaften zählt heute im Wesentlichen das, was vor allem kurzfristig wirtschaftlich aussichtsreich ist – und das ist der Bereich der molekularen Biochemie. Das führt dazu, dass die Menschen, die in einem bestimmten Bereich eine vollständige Artenkenntnis haben – zum Beispiel als Entomologe, Insektenforscher, oder im Bereich der Ornithologie –, immer weniger werden.

Dieser verhängnisvollen Tendenz versucht der NABU etwas entgegenzusetzen. Man will und kann nur etwas schützen, was man kennt. Fehlende Artenkenntnis ist auch eine Ursache dafür, dass man die Vielfalt der Lebewesen nicht mehr schützen kann.

Ja, das wird ja auch nicht mehr gelehrt.

Das ist ein weiteres Problem. Ich würde immer dafür plädieren, dass die Chemikerinnen und Chemiker der Zukunft mit den Substanzen in elementarer Form umgehen, so wie es in meinem Studium noch stattgefunden hat, zum Beispiel im Analytischen Praktikum, im Praktikum der Synthese organischer Substanzen, im Praktikum der Bestimmung von Kristallstrukturen und so weiter. Das heißt für mich: Das Umgehen mit Phiolen, Gläsern, Kristallen, Flüssigkeiten, Gasen – in körperlicher Weise – hat nichts mit Nostalgie zu tun. Dieses Element der Körperlichkeit gerät durch unsere elektronischen Medien in Gefahr. Meine Utopie ist das Gegenteil: die organische, biologische Leiblichkeit zu verteidigen, um unseren physischen Bedürfnissen auch in Zukunft gerecht zu werden.

Wie kann man den Erfahrungsschatz der alten Chemie öffnen? Wie weit sind die Schatzbücher digitalisiert?

Das ist jetzt eine vielleicht überraschende Volte, die ich da mache, indem ich in diesem Punkt das Loblied der digitalen Kultur anstimme. Denn in den 1970er-Jahren hatte ich wirklich große Probleme, an diese warenkundlichen und technologischen Grundlagenwerke heranzukommen. Sie waren nicht in jeder Bibliothek vorhanden. Gott sei Dank gab es in der damals sogenannten Technischen Informationsbibliothek in Hannover, wo ich studiert habe, einen überraschend großen Schatz an solchen Büchern. Es gab zum Beispiel einen Fachautor und Verleger namens Johann Carl Leuchs aus Nürnberg, der zwischen 1810 und 1850 eine Farbwarenkunde geschrieben und in etlichen Bänden auf die jeweiligen Anwendungsbereiche ausgerichtet hat, beispielsweise die Textilfärbung oder die Herstellung von Farbpigmenten. Heute ist das Auffinden dieser alten Warenkunden und

Technologien sehr viel einfacher: Dank Google sind viele dieser alten Werke inzwischen digitalisiert und mit einem Mausklick zugänglich. Trotzdem: Was nützt die ganze Verfügbarkeit des Wissens, wenn niemand sich dafür interessiert? Damit kommen wir wieder zu dem Prinzip der Wertschätzung zurück. Es gilt, in den Herzen der Forscherinnen und Forscher das Bedürfnis zu wecken, sich dieses Schatzes überhaupt bemächtigen zu wollen.

Das müsste schon den Kindern vermittelt werden: die Naturverbundenheit und das Aufgeschlossensein für biologische Strukturen.

Ich stimme dir völlig zu. Dieses Prinzip des Forschens, des Experimentierens an sich, ist übrigens nach meiner Überzeugung in jedem gesund aufwachsenden Kind evolutionär verankert. Was ist das Spielen im Matsch anderes als ein Experimentieren mit den physikalischen, chemischen, geologischen Eigenschaften von Matsch? Das heißt also: Schafft den Kindern Gelegenheiten, ihren eigenen Experimentierbedürfnissen wirklich Raum geben zu können. Ich habe ja nun acht Enkelkinder, sechs davon im Kindergarten- oder frühen Schulalter, und da erlebe ich, dass die glücklicherweise – natürlich durch Initiative ihrer Eltern – in gute Kindergärten gekommen sind, in denen dieses Experimentieren wirklich gefördert wird.

Auch das Durchschauen der chemischen Zusammenhänge im Alltag, zum Beispiel in unserem Körper, bei unserer Verdauung, Atmung und psychischen Verfassung ist eine bedeutende Aufgabe für Naturwissenschaftslehrer. Ganz besonders für Eltern, die ja die ersten Naturwissenschaftslehrer ihrer Kinder sind.

Es würde oft reichen, dass die Eltern mit ihren Kindern einfach mal eine Kerze anzünden und dieses scheinbar so einfache Phänomen auf alle Sinne wirken lassen. Faraday hat eine wunderbare kleine Schrift, »Die Naturgeschichte einer Kerze« verfasst. Ganz erstaunlich, was man an einer Kerze oder beim Anzünden eines Kamins – was ich mit meinen Enkeln regelmäßig mache – oder an der Verarbeitung von Gemüse in einem Topf an praktischer Alltagschemie lernen kann. Ein Beispiel: Ich habe Rotkohl im Topf und gebe ein bisschen Säure dazu, ein bisschen Essig, und die Farbe ändert sich – das ist Alltagschemie. Und Kinder und Jugendliche lieben es, in diese Alltagschemie einzutauchen. Später kommt eine Phase, wo sie davon dann nichts mehr wissen wollen und andere Schwerpunkte setzen, aber wenn man das einmal eingepflanzt hat, diese chemische – und teilweise vielleicht sogar ein wenig alchemistische – Sichtweise auf die natürliche Umgebung, dann ist damit schon sehr viel gewonnen. Wenn man mit Kindern zum Beispiel ein bisschen wäscht, putzt und reinigt – dabei finden ja auch einfache chemische Vorgänge statt –, dann kann das sehr genussreich sein.

Welche Felder der Warenkunde und der Technikkenntnisse früherer Zeiten sind heute zugänglich?

ALLE Felder. Die warenkundliche und technologische Literatur bis 1850 hat all diese Grundbedürfnisse bedient, und seitdem haben sich doch die wesentlichen Grundbedürfnisse der Menschen nicht geändert: Reinigung, Putzen, Pflegen, Färben, Kleben, Konservieren. Zu jedem dieser Themen gibt es bis etwa 1850 einen unglaublich reichen Fundus an Kenntnissen und Erfahrungen. Dabei wurde dieses Know-how im Bereich der Farben als Erstes verdrängt und marginalisiert, weil dies der erste Bereich war, den die synthetische Chemie erobert hat. Die klassische warenkundlich-technologische Literatur gehört nach meiner festen Überzeugung zum Weltkulturerbe der Menschheit – und niemand kennt dieses Erbe! Dabei kann dieser Fundus tatsächlich mit den heutigen Methoden angezapft und genutzt werden. Dort werden Pflanzen beschrieben, von denen wir heute überhaupt keine Ahnung mehr haben, die aber wichtige chemische Funktionalitäten bieten können. Es ist ja keine Pflanze umsonst auf der Welt. Und selbst die uns simpel und primitiv erscheinenden Pflanzen bieten unter dem Gesichtspunkt des chemischen Know-how einen riesigen Reichtum. Wenn wir nur mal die Flechten angucken, die ja sehr alte und besonders interessante Organismen sind: was es da an Bitterstoffen, Schleimstoffen, Farbstoffen gibt. Die Orseille beispielsweise ist ein natürlicher Farbstoff, der traditionell eine große Bedeutung hatte. Funktionalitäten sind schon bei den primitivsten Pflanzen vorhanden und können genutzt werden. Darüber gibt es einen riesigen Erfahrungsschatz.

Ist das nur Chemiegeschichte, oder gibt es auch Lehrstühle, die sich damit befassen, wie die alten chemischen Künste nutzbar gemacht werden können?

Die gibt es vor allem da, wo diese biomimetischen Prinzipien tatsächlich ernst genommen werden. Ich denke an das Forschungsgebiet »Bionik« an der Universität Bonn. Dort wurde beispielsweise der Lotuseffekt bei den Pflanzenblattoberflächen erforscht. Es gibt also solche Institute, aber immer noch recht vereinzelt. Das hängt vor allen Dingen immer wieder von der Leidenschaft einzelner Menschen ab.

Wie sieht es in der Industrie aus? Die stellt inzwischen ja mehr Mittel für die Forschung bereit.

In der Industrie ist erkannt worden, dass in phytochemischen Funktionalitäten – beispielsweise von Pflanzen aus dem tropischen Regenwald – ein enormes wirtschaftliches Potenzial steckt.

Es gibt bereits juristische Auseinandersetzungen, ob dieses Know-how ein Erbe der gesamten Menschheit oder ein patentierfähiges und damit exklusives Gut einzelner Personen oder Unternehmen sein kann. Leider ist es so, dass die internationale Rechtsprechung dahin tendiert, denjenigen Exklusivität zuzubilligen, die etwa im Urwald eine bestimmte chemische Verbindung oder Reaktion entdeckt haben. Wobei im Einzelfall etwas entdeckt wurde, das in Wirklichkeit Alltagswissen der indigenen Bevölkerung war, das aber schriftlich nicht niedergelegt ist und damit nicht ohne Weiteres zum Gegenstand einer Patentanfechtungsklage gemacht werden kann.

Auch in der chemisch-pharmazeutischen Industrie wächst natürlich die Erkenntnis, dass man sich diese Ressourcen – also nicht nur die dinglichen Ressourcen, sondern vor allen Dingen das Know-how – dringend sichern muss. Da findet ein erbitterter Kampf statt.

Worum wird gekämpft?

Um die Exklusivität der wirtschaftlichen Nutzung. Natürlich versuchen die Naturschutzorganisationen, solchen Exklusivitätsansprüchen von Wirtschaftsunternehmen entgegenzutreten. Es muss allerdings überhaupt erst ein Bewusstsein dafür entstehen, dass es ein Unding ist, das Patent für einen biologischen Prozess einem einzelnen Unternehmen zuzuschreiben.

Für diesen Kampf müssen erfahrene Juristen herangezogen werden. Juristen, die ein Eigenrecht der Natur erkämpfen, das nicht den Wirtschaftsinteressen einzelner Unternehmen untergeordnet werden darf. Im amerikanischen Recht und bei Verhandlungen über den Freihandel mit den USA wie TTIP finden wir leider die gegenteiligen Tendenzen.

Selbst Amerika hat sich andererseits Grundsätze und Technologien zu eigen gemacht, die in Mitteleuropa zum Beispiel für die Nutzung erneuerbarer Energie entwickelt worden sind. Das deutsche Wort »Energiewende« ist inzwischen ebenso in den englischen Sprachgebrauch eingegangen wie das Wort »Kindergarten«. Und so denke ich, dass auch andere Grundsätze – wie zum Beispiel die der Chemiewende – dann, wenn sie im europäischen Wirtschaftsraum erfolgreich praktiziert werden, eine Ausstrahlung in den Rest der Welt haben werden.

6

DIE NEUE CHEMIE IM ALLTAG

Horst Appelhagen: Wir haben von dem Wohlbefinden gesprochen, das die Produkte der neuen Pflanzenchemie vermitteln. Wir sollten uns weitere unmittelbar erfahrbare Vorteile ansehen, die ich als Verbraucher von der neuen Chemie habe, die Möglichkeiten konkretisieren. Über die neuen Farben haben wir schon gesprochen. Wie sieht das bei Wäsche und Kleidung aus, bei Möbeln, im Badezimmer?

Hermann Fischer: Beginnen wir vielleicht mit der Kleidung und ihren Materialien. Sich zu kleiden ist ein Grundbedürfnis. Und dieses Bedürfnis lässt sich bereits heute vollständig mit pflanzlichen Naturfasern, teilweise mit tierischen Fasern von Seide bis Wolle erfüllen. Die neue Chemie wird sich vor allem darum kümmern, das Spektrum der verwendeten Naturfasern zu erweitern. Wir sprachen schon über die Datenbanken, über die Warenkunde, über das, was verloren gegangen ist. Es ist uns ja vor allem das Wissen verloren gegangen, dass es in der Pflanzenwelt ein viel größeres Spektrum an Fasern gibt, als wir aktuell verwenden. Wir verwenden vergleichsweise wenig: Baumwolle, Leinen in gewissem Umfang, viel Wolle aus unterschiedlichen Quellen bis hin zum Kamelhaar, ein bisschen Seide. Das ist nur ein winziger Bruchteil dessen, was es an Faserarten gibt. Im Kleidungsbereich fehlt also die volle Diversität an pflanzlichen Fasern mit all deren Vorteilen. Es kommt noch ein weiterer interessanter Aspekt hinzu: Wenn wir uns kleiden, haben wir unmittelbar auf der Haut andere Bedürfnisse als bei den weiter außen liegenden Kleidungsschichten. Was innen liegt, soll besonders anschmiegsam sein; was weiter außen liegt, soll vor allem Witterungseinflüssen standhalten, Regen abhalten. Die Zonen dazwischen sind – je nach Außenklima – eher für die Wärmeisolierung zuständig. Das heißt also, es gibt bei der Kleidung sehr unterschiedliche gewünschte Barrierewirkungen. Das Ganze ist nichts anderes als eine Art nach außen verlagerter Hautfunktion. Mit den wenigen Faserarten, die wir derzeit in der Praxis nutzen, kann ich diese vielen verschiedenen gewünschten Funktionen von innen nach außen gar nicht abbilden.

Eins haben wir vielleicht vergessen: Leder.

Gut, okay. Und es ist bekannt, dass beispielsweise Baumwolle nicht unbedingt die ideale Faserart für die erste, hautnahe Schicht ist, weil sie bei starkem Schwitzen eine ungünstige Feuchtebindung aufweist. Deshalb ist diese sogenannte Funktionsunterwäsche aus Kunstfasern so begehrt.

Inzwischen hat man jedoch entdeckt, dass es eine Naturfaser gibt, die als erste Schicht ideal ist und bessere Funktionswerte aufweist als alle künstlichen Hightech-Stoffe, nämlich die Merinowolle. Und die hat einen enorm hohen Wohlfühlfaktor: Ihre Wärme zieht angenehm unter die Haut.

Genau. Aber trotz dieser wunderbaren Eigenschaften von Merinowolle ist unser gegenwärtiges Nutzungsspektrum gemessen an der Vielfalt von Pflanzenfasern in der Natur sehr gering. Wo aufgrund dieses verkümmerten Spektrums eine funktionelle Eigenschaft fehlte, ist die Chemie eingesprungen mit der Botschaft, man bräuchte Fleece-Stoffe, um sich warm zu halten, Goretex-Membrane, um Wasser abzuhalten, und so weiter. Die Behauptung der Chemie, dass man ein ökologisch so fragwürdiges Material wie Goretex einsetzen müsse, weil keine geeigneten Naturstoffe zur Verfügung stünden – diese Behauptung entbehrt jeder Grundlage.

Es fehlt einfach nur das Wissen darüber, was Naturfasern leisten können.

Ich bin davon überzeugt, dass es in der Natur jede Menge Faserarten gibt, die dieselbe Schutzfunktion, die heute eine Goretex-Membran bietet, leisten könnten. Schließlich haben Pflanzen dasselbe Schutzbedürfnis, das wir als Menschen mit Kleidung abdecken! Jede Pflanze hat die Herausforderung zu meistern, sich einerseits vor Wind und Wetter zu schützen, andererseits zu verhindern, dass die Abschottung zu rigoros ist und sich Feuchtigkeit staut.

Unser Plädoyer wäre also: Es sollten mehr Forschungsmittel in die Entdeckung, Aufarbeitung und vor allem auch Registrierung und Dokumentierung pflanzlicher Rohstoffe und ihrer Eigenschaften gesteckt werden. Das wäre beim Stichwort »Textilien« besonders erfolgversprechend.

Viel vorhandenes Know-how über solche Fasern kommt außerdem nicht im Alltag an, weil die Anbaumethoden und Handelsstrukturen von gebräuchlichen Pflanzen wie Baumwolle so fest etabliert sind. Und auch in den üblichen synthetischen Textilien werden immer wieder Schadstoffe gemessen, die wir mit einer rein pflanzlichen oder auch tierischen Faser vermeiden würden – unter der Voraussetzung natürlich, dass die Anbau- und Verarbeitungsmethoden richtig gewählt werden. Es gibt ja durchaus erfolgreiche Projekte für einen pestizidfreien und wasserschonenden Anbau von Biobaumwolle mit großem Anbauvolumen.

Und wie sieht es beim Wohnen aus? Das wäre unser nächster Punkt. Werden wir wie einst Phönizier für ihre Schiffe alle Wälder roden, um Vollholzmöbel zu haben?

Nein, natürlich nicht. Wir sind ja fast aus Not – weil viele Menschen keine Kunststoffmöbel im Haus haben wollen – im höherwertigen Einrichtungsbereich zu einer gewissen Holz-Monokultur gekommen. Das ist aber, auch was den Aspekt der Vielfalt betrifft, gar nicht zwingend – im Gegenteil. Es gibt ganze Kulturen, in denen Möbel nicht aus Holz, sondern beispielsweise aus Fasern, aus Flechtwerk gebaut werden. Solche Flechtwerke – etwa aus Rattan, Weiden, Schilfrohr – haben auch in Mitteleuropa eine lange Tradition; Stuhlsitzflächen aus Flechtwerk etwa kombinieren Elastizität und Durchlässigkeit. Das heißt: Die Zukunft wird nicht in der Holzmonokultur liegen.

Holz brauchen wir wahrscheinlich für ganz andere Dinge, die wichtiger sind.

Holz hat ja einen speziellen Gestus. Schau dir die Signatur eines Baumes an. Beim Holz zeigt schon die Anordnung und Ausrichtung der Fasern, dass es vor allem um hohe mechanische Beanspruchung geht. Die haben wir bei Möbeln in aller Regel nicht. Gut, die Sitzfläche oder Füße eines Stuhls müssen mechanische Lasten auffangen, ein Schreibtisch dagegen in der Regel kaum. Daran gemessen sind unsere Möbel zum Teil – gerade die Vollholzmöbel – total überdimensioniert, aus ästhetischen Gründen.

Kannst du dir auch Pressstoffplatten aus Pflanzenmaterial vorstellen?

Das Problem ist, dass die traditionellen Spanplatten – im Gegensatz zu echtem Holz – anisotrope, also ungerichtete Eigenschaften haben. Ihnen fehlt daher die Zugfestigkeit und Elastizität von echtem Holz. Berüchtigt ist das heillose Ausbrechen von Scharnieren und Bändern aus diesen Platten. Die Späne in den Platten haben zwar eine gerichtete Struktur, aber sie sind einfach zu kurz, und alles, was an Füllstoffen dazukommt, an mineralischen Zuschlagstoffen und synthetischem Kleber, hat ebenfalls diese mechanisch ungünstigen, ungerichteten Eigenschaften.

Das führt dazu – das kann jeder selbst nachprüfen –, dass so eine Spanplatte unheimlich schwer ist und dennoch leicht bricht, verglichen mit einer gleich schweren, gleich großen Vollholzplatte.

Holz hat eben ein hohes Maß an Isotropie, das heißt: Gleichgerichtetheit der weitgehend parallel orientierten Holzfasern. Dieses Konstruktionsprinzip macht es möglich, dass ein Baum stabil aufrecht steht. Heute gibt es naturfaserverstärkte Verbundwerkstoffe, die dieses Isotropieprinzip auf ganz andere Weise nutzen. Damit hat man Materialien, die mechanisch sehr stabil und trotzdem frei formbar sind. Das finde ich eine ganz wunderbare Entwicklung, die im Einrichtungsbereich völlig neue ästhetische Perspektiven eröffnet: frei formbare und dennoch mechanisch sehr stabile Werkstoffe.

Ein reines Holzmöbel ist nicht frei formbar. Man kann zwar mittels Einwirkung von Dampf und Hitze zum Beispiel Buchenholz biegen. Das ist handwerklich und energetisch sehr aufwendig, und die Formbarkeit hat auch Grenzen.

Ganz richtig. Völlig andere Gestaltungsmöglichkeiten ergeben sich hingegen, wenn ich in der Lage bin, in freier Form zu arbeiten – ähnlich wie bei einem glasfaserverstärkten Kunststoff, aus dem man heute zum Beispiel Boote oder auch Möbel herstellt. Solche frei geformten Kunststoffmöbel können sehr interessant aussehen. In ähnlicher Weise kann man heute frei geformte Möbelstücke aus reinen Naturmaterialien herstellen, indem man Naturfasern als isotrope, mechanisch stabile Komponente verwendet und diese in eine biogene, anisotrope, Bindewirkung herstellende Matrix packt. Die Matrix – sozusagen das Bindegewebe – ist das, was die Fasern umhüllt und zu einer von außen homogen erscheinenden Einheit verbindet. Holz ist nichts anderes: eine Naturfaser, nämlich Zellulose, in einer biogenen Matrix, dem Lignin. Die Nachahmung dieses Prinzips wäre also ebenfalls eine naturfaserverstärkte biogene Matrix – jedoch anders als Holz frei formbar.

Dieses Prinzip wird übrigens im Automobilbau bereits genutzt, zum Beispiel für Innenverkleidungen aus naturfaserverstärkten Naturstoffen, etwa bei VW und Opel. Diese Komponenten haben gleichwertige mechanische Eigenschaften wie beispielsweise glasfaserverstärkte Kunststoffteile, sind jedoch leichter und weisen natürlich eine bessere Umweltbilanz auf.

Damit geht man in der Tendenz zurück zu Henry Ford. Der plante ja ein Auto aus nachwachsenden Rohstoffen. »Der Ford vom Acker« war damals, in den 1930er-Jahren, die Devise.

Auf YouTube kann man heute noch ein Video finden, auf dem Henry Ford höchstpersönlich mit einem Vorschlaghammer auf einen Kofferraumdeckel eindrischt, um zu zeigen, wie stabil der ist – und dieser Kofferraumdeckel stammte tatsächlich vom Acker, genauer gesagt: Es war ein Hanffaser-Verbundwerkstoff. Damit wird deutlich: Wenn ein solcher Kofferraumdeckel die hohen Stabilitätserfordernisse des Autobaus erfüllt, dann kann ich auf eine ähnliche Weise auch ein frei geformtes Möbel herstellen. Und dieses Gemisch aus Naturfasern bestimmter Faserlänge und einem pflanzenbasierten Bindemittel lässt sich in den Spritzgussmaschinen verarbeiten, die man heute für Kunststoffproduktion hat. Damit hätten wir ein Beispiel dafür, welche Freiheitsgrade, auch in ästhetischer Hinsicht – in Bezug auf das Formen und auch die Einfärbung solcher Materialien –, mit solchen naturfaserverstärkten Werkstoffen erreicht werden können.

Unsere generelle Devise ist: Wir wollen nicht verzichten. Wir wollen allenfalls auf den Konsumterror verzichten, der uns dazu treibt, ständig Produkte und damit Material wegzuschmeißen und wieder neu zu kaufen. Nicht verzichten wollen wir auf Ästhetik und Funktionalität. Wenn ein Möbel aus naturfaserverstärkten Biostoffen verschlissen ist, kannst du es abends im Kamin noch verfeuern und auf diese Weise ohne jeden Schaden nutzen. Die beigemischten Kleber und Bindemittel sind alle auch brennbar und können auf diese Art und Weise wieder in den Naturkreislauf zurückgegeben werden.

Natürlich.

Oder durch Zerkleinerung und Kompostierung.

Das ist der wunderbare Vorteil aller biosphärenkompatiblen Materialien: dass ich mich um das Recycling gar nicht kümmern muss. Ich brauche keine technische Anlage dazu. Wenn du heute Plastik recycelst, ist der Aufwand enorm: Du musst die einzelnen Plastiksorten auseinandersortieren, von Anhaftungen trennen und so weiter. Da sage ich: Die Natur hat doch ein viel besseres Prinzip: ›*solve et coagula*‹ (›löse und verbinde‹), in alchemistischer Terminologie –, was besagt, dass die Stoffe sich in der geeigneten biologischen Umgebung einfach in ihre Ursprungsbestandteile auflösen. Das beste Beispiel dafür ist der Komposthaufen.

Und wie könnte der Rohstoffbedarf gedeckt werden, wie siehst du das? Der Rohstoffbedarf für diese Art von Textilien, Kleidung, Hauseinrichtung, die anderen Dinge, die wir noch in den Blick nehmen werden? Haben wir dafür genügend geeignete natürliche Rohstoffe? Vor allem würde mich interessieren: Wie weit können Regionen hinsichtlich ihres Rohstoffbedarfs autark werden, zum Beispiel Europa?

Das ist ein ganz wichtiges Thema, aus dem eine der entscheidenden Begründungen für die neue Chemie resultiert. Wir wissen heute, dass fossile Grundstoffe sehr leicht monopolisierbar sind. Die fossilen Kohlenstoffquellen sind ja geologisch nicht gleichmäßig über die Welt verteilt, sondern es gibt Hotspots und Zentren dieser Grundstoffe in der einen Region und Habenichtse in der anderen. Das ist bei Pflanzen grundsätzlich anders. Natürlich gibt es immer wieder Versuche von großen Agroindustriekomplexen, Pflanzen zu monopolisieren – aber das ist der totale Irrweg und läuft dem evolutionären Prinzip der Pflanze in ihrer globalen Verteilung und Vielfalt auf fast schon groteske Art zuwider.

Das Geschäftsmodell, mit einer bestimmten Maissorte die ganze Menschheit beglücken zu wollen, ist völlig abwegig – und erleidet im Übrigen derzeit auch schon Schiffbruch. Die Bauern, die sich darauf eingelassen haben, dieses Saatgut zu kaufen, das sie nicht einmal selbst vermehren dürfen, haben inzwischen gemerkt, in was für eine fatale Abhängigkeit sie damit geraten.

Weil du das Prinzip der regionalen Autarkie angesprochen hast: Keine Ressourcenart führt leichter in diese Autarkie als die pflanzliche. Die Pflanzenproduktion basiert immer auf kleinen Einheiten. Selbst der größte Baum ist, wenn ich ihn als Produktionsmittel ansehe, eine kleine Einheit. Wenn irgend mit einem Prinzip der Synthese von Grundstoffen eine Autarkisierung und

Regionalisierung möglich ist, dann mit den Prinzipien, die die Pflanzen nutzen. Das gilt analog auch für Tiere. Ich würde jedoch bei gegebener Wahlmöglichkeit immer einen pflanzlichen Rohstoff gegenüber einem tierischen Rohstoff bevorzugen – aus ethischen, aber auch schon aus energetischen Gründen. Wir wissen ja: Die gleiche Materialmenge – wenn wir das jetzt mal schnöde so nennen wollen – im tierischen Organismus zu produzieren erfordert ungefähr den zehnfachen Energieaufwand, als für die Entstehung in einer Pflanze nötig ist. Pflanzliche Fotosynthese ist also zehnfach effektiver als der Stoffaufbau im Tier. Angesichts der Notwendigkeit, mit Energie global sparsam umzugehen, ist das ein Aspekt, den man beachten sollte. Wir werden also anstreben, die Menge, die großen Volumina, möglichst pflanzlich zu generieren. Tierische Rohstoffe sollten eine Spezialität für ganz bestimmte Zwecke bleiben, wenn überhaupt.

Kannst du dir einen Schuh aus Pflanzenmaterial vorstellen?

Selbstverständlich, nämlich auf der Basis von Fasern, die hoch wasserabweisend und trotzdem entsprechend flexibel aufbereitet sind.

Auch was Festigkeit und Trittsicherheit betrifft?

In allem. Auch, was Trittsicherheit angeht.

Und wie sieht es mit der Sohle aus?

Die Elastizität einer guten Sohle kommt daher, dass sie in der Regel einen relativ großen Anteil an Naturkautschuk enthält. Die besonders guten Automobilreifen, die den starken Grip aufweisen, enthalten heute immer noch einen hohen Anteil an Naturkautschuk, weil der Eigenschaften hat, die durch die synthetischen Latices nicht gewährleistet werden können. Trotzdem sage ich auch in diesem Fall: Naturkautschuk ist ein Produkt einer bestimmten Pflanzenart. Bei alleiniger Verwendung droht wieder das Problem der Monokulturen. Ich komme deshalb noch einmal auf Henry Ford zurück. Der hat auch völlig andere Pflanzen als den Kautschukbaum erprobt, zum Beispiel Wolfsmilchgewächse. Er hat sie alle angebaut, um zu gucken, ob daraus nicht ebenfalls irgendwelche geeigneten Latices – also Arten von Kautschukmilch – zu gewinnen sind. Und die gibt es tatsächlich. Sie haben ganz andere Eigenschaften als Naturkautschuk, bereichern also das Materialspektrum.

Es wäre ein sehr wichtiges Forschungsgebiet, diese Vielfalt überhaupt zu recherchieren, zu dokumentieren und praktisch zu nutzen. Es gibt Ansätze, und da liegt wohl noch eine ganze Landschaft von Forschungsprogrammen und -möglichkeiten brach.

Um auf die Frage der Verfügbarkeit zurückzukommen: Ich bin der Meinung, selbst wenn ein Material – und das ist bei den Pflanzenmaterialien so – im Überfluss verfügbar ist, bleibt jede Entnahme ein Eingriff, eine Störung. Deswegen sollte man die Entnahmemenge minimieren. Und da kommt uns die Dauerhaftigkeit der Pflanzenmaterialien entgegen, die in der Tendenz verbrauchsmindernd wirkt. Was wir allerdings beseitigen müssen, ist die Wegwerfmentalität. Ich kenne jedenfalls keinen Bereich, in dem es nicht möglich ist, die gewünschte Funktion gleich gut, aber mit einem dauerhaften Material – das dann wiederverwendet und damit weiter genutzt werden kann – zu realisieren.

Ich meine, künftig wird die Haltung abnehmen, Textilien oder Möbelstücke so schnell zu verbrauchen, wie es jetzt der Fall ist. Müssen wir dennoch sagen: »Seid sparsam, sonst kriegen wir das mit den gegebenen Ressourcen nicht hin?« Oder ist genügend Pflan-

zenmaterial vorhanden, selbst wenn wir den Eingriff in die Natur aus einem evolutionsgemäßen Denken heraus beschränken wollen?

Ja, es ist genügend vorhanden. In der Biosphäre haben wir eine geradezu überschäumende Produktivität.

Ein anschauliches Beispiel für Produktivität der Natur ist in meiner Wahrnehmung die Weizen-Überschussproduktion in Deutschland. Wir verbrauchen gar nicht, was wir ernten, sondern exportieren einen großen Anteil. Der Überschuss ist auf neue Wirtschaftsmethoden zurückzuführen, und auch dabei ist die Chemie im Spiel.

Jetzt sprichst du das Thema des sogenannten ökologischen Fußabdrucks an. Da muss ich allerdings etwas Wermut in deinen Wein gießen. Es ist so: Man kann die sogenannte Flächenproduktivität in einem Land wie Deutschland ausrechnen. Derzeit haben wir tatsächlich mindestens den doppelten Verbrauch an Energie und Material, als die Produktivität auf der nutzbaren Fläche Deutschlands hergibt. Das liegt wiederum wesentlich an dieser Wegwerfmentalität. Mit anderen Worten: Wenn ich diese Flächenproduktivität nur nutzen würde, um wirklich echte Bedürfnisse zu befriedigen – auch wenn ich dabei einen gelegentlichen Wechsel der Möbel, Kleidung usw. miteinbeziehe –, dann würde es reichen. Aber beim gegenwärtigen Konsumverhalten reicht es in einem Land wie Deutschland nicht, sondern da ist eine Lücke. Wir leben ungefähr im Verhältnis 1:2 über unsere Verhältnisse, über die biosphärisch vorgegebenen Verhältnisse.

Das wundert mich, weil wir doch für die USA der zweitwichtigste Holzlieferant sind, nach Kanada. Die USA können ihren Holzbedarf schon lange nicht mehr decken, weil sie die Aufforstung ver-

nachlässigt haben. Kanada und Deutschland sind die Nothelfer. Wir exportieren Lebensmittel, wir exportieren Holz. Den Asiaten verkaufen wir Buchenstämme aus unseren Wäldern, damit sie Essstäbchen draus machen können.

Wir haben also einerseits einen großen Export an biogenem Material, andererseits wird biogenes Material in sehr viel größerem Umfang importiert. Deswegen kommt es zu dieser Dysbalance. Um dieses Ungleichgewicht mache ich mir aber ehrlich gesagt nicht viel Sorgen, weil es ausgeglichen würde, wenn wir die Übertreibungen im Konsumbereich wegließen.

Außerdem basiert die Flächenproduktivität, von der wir vorhin gesprochen haben, auf der gegenwärtigen Nutzung der Pflanzen. Und da kommt ein wichtiger Aspekt hinzu: Gegenwärtig haben wir keine besonders intelligente Nutzung der Gesamtproduktivität der Pflanze. Wenn ich nur auf das Weizenkorn gucke, dann kann ich auf einem Hektar nur so und so viel Weizen produzieren. Die Weizenpflanze ist aber mehr als das Weizenkorn, das heißt auf derselben Fläche entsteht etwas, das ich womöglich verbrenne oder unterpflüge – also in seiner chemischen Funktionalität überhaupt nicht nutze: zum Beispiel das Weizenstroh. Diese Nebenprodukte, die häufig von der Menge her sogar überwiegen, könnte man sehr gut im Sinne eines neuen chemischen Rohstoffs nutzen – als Dämmstoff, Kleidung, Möbel. Ich bin sicher, dass man aus Weizenstroh zusammen mit Weizenklebstoff Möbel formen könnte, die hochästhetisch sind, sich wunderbar anfühlen, frei formbar sind, die eine tolle farbliche Ausstrahlung haben, ohne dass ich irgendein Pigment dazugeben müsste. Und was wird heute mit Weizenstroh gemacht? Es wird verbrannt oder untergepflügt. Das Unterpflügen ist noch einigermaßen sinnvoll, weil ich damit ja den Kohlenstoff wieder in die Erde zurückbringe. Es wäre nicht unbedingt notwendig. Wenn man die Nebenprodukte sinnvoll nutzt, würde sich die Flächenproduktivität von diesem Hektar mindestens verdoppeln. Mein Fazit ist also: Ein Mengenproblem werden wir – wenn wir es mit der neuen Chemie intelligent angehen – mit Sicherheit nicht haben.

7

IM BADEZIMMER

Horst Appelhagen: Ich würde mit dir jetzt gerne ins Badezimmer gehen, zumindest fiktiv. Der Feuchtigkeitsanfall macht in modernen Wohnungen oft Probleme. Feuchte Wände, undichte Kunststofffugen und Schwarzschimmel werden oft beklagt.

Hermann Fischer: Die Resorptionsfähigkeit, wie man das nennt – das ist geradezu eine Paradedomäne der regenerativen Rohstoffe. Man braucht sich nur den Unterschied anzugucken zwischen einem Badezimmer, das ausschließlich mit Keramik verkleidet ist und in dem heiß geduscht wird, und einem, bei dem es zumindest einen erheblichen Anteil an Holz gibt. Duscht man kräftig, dann tropft das Keramikbad nachher geradezu, es wird die Feuchtigkeit nicht los. Während in einem Bad, das einen gewissen Holzanteil hat, das Holz die überschüssige Feuchtigkeit aufnimmt und sie dann erst allmählich wieder abgibt.

Wobei Keramik ja auch ein Stoff ist, mit dem man im Rahmen der neuen Chemie gut leben kann. Du sprichst jetzt nur die Resorption an.

Natürlich. Es geht in all diesen Fällen – nicht zuletzt aus ästhetischen, aber auch aus materialtechnischen Gründen – sehr oft um intelligente Kombinationen von Materialien. Gerade gute Naturmaterialien, zu denen wir die Keramik zählen, ergänzen sich häufig positiv und können sich in ihrer positiven Wirkung sogar gegenseitig steigern.

Es gibt auch Wandanstriche, die nicht resorbieren. Dann steht die

Feuchtigkeit auf der Wand. Und es gibt Wandanstriche mit guten Resorptionseigenschaften. Auch da fällt wieder der Unterschied zwischen fossiler Chemie und Naturstoff auf.

Sehr stark. Beton zum Beispiel resorbiert kaum, wobei es auch Betonsorten gibt, die auf dem Naturmineral Trass statt konventionellem Zement aufgebaut sind und mit denen das Problem nicht in gleichem Maße auftritt.

Ja, Trass ist originär »gewachsen«, nicht gebrannt.

Genau. Man könnte also sagen: Je höher gebrannt die Zemente sind, umso dichter werden sie. Das kann aus statischen Gründen in Spezialbereichen mal erwünscht sein, aber im unmittelbaren Wohnumfeld ist es sehr ungünstig.

Diese mangelnde Resorptionsfähigkeit – und damit sind wir wieder beim Bad – führt nicht nur zu einem drückenden Raumklima, sondern es bildet sich sofort ein Mikroklima für Algen und andere mikrobiologische Beläge, die zum Teil sehr hartnäckig und schwer entfernbar sind.

Das heißt: Man tut gut daran, die Funktion unserer eigenen Haut, die dieses wunderbare Wechselspiel von Durchlässigkeit und Absperrung leisten kann, auf die weiteren Hüllen zu übertragen, mit denen wir uns umgeben.

Kunststoff wird vor allem für Waschbecken verwandt. Dabei wäre man auf Kunststoff gar nicht angewiesen. Es gibt Glas, Keramik, gebranntes Fliesenmaterial. Selbst die unentbehrlich erscheinenden Kunststofffugen sind entbehrlich. Ich habe es ausprobiert. Der gute alte Fensterkitt ist zwar nicht so leicht und schnell zu verarbeiten wie Kunststofffugenmaterial, aber um ein Vielfaches sicherer und dauerhafter. Kunststoff versprödet und haftet nicht nachhaltig. Die Fugen reißen oft unauffällig, und das Schlimme ist: Die dort eindringende Feuchtigkeit wird nicht absorbiert, sondern gespeichert. Stehende Feuchtigkeit ist das Schlimmste für ein gesundes Raumklima.

Wie ist es mit den Armaturen? Metalle haben wir uns bisher nicht angesehen.

Es ist leider inzwischen nicht mehr nur Metall. Wenn du dir so einen Duschkopf anschaust …

… denkst du, es ist Metall. Du nimmst ihn in die Hand, er ist federleicht.

Genau. Er ist oft aus metallisiertem Kunststoff. Und der hat gleich eine ganze Reihe von Haken. Ein wesentlicher ist für mich, dass man damit selbst dem Kunststoffmaterial den letzten Rest an Recyclingfähigkeit nimmt. Kunststoff, der zum Beispiel aus reinem Polypropylen besteht, kannst du wenigstens recyceln. Wenn der Kunststoff jedoch vermischt wird – insbesondere mit einem völlig andersartigen Material wie einem Metall auf der Oberfläche –, nimmst du ihm die Möglichkeit einer einigermaßen problemlosen Rückführung. Du müsstest erst mühsam das Metall von der Oberfläche ätzen, um an den reinen Kunststoff ranzukommen, den du dann vielleicht recyceln könntest.

Aber wenn ich ein reines Metall, sagen wir, ein Edelstahlprodukt verwende, ist das dann annähernd evolutionsgerecht?

Gerade Edelstahl hat zwei Nachteile. Das eine ist die mangelnde Wiedereingliederung in die Umwelt. Wo ich die Möglichkeit hätte, würde ich – übrigens auch aus ästhetischen Gründen – oft keinen Edelstahl einsetzen, sondern reines Gusseisen. Das wird in einem überschaubaren Zeitraum durch Rost zu Eisenoxid und damit wieder zu Erde.

Soll ich denn den Armaturen quasi beim Verrosten zuschauen?

Dieses Verrosten findet vor allem statt, wenn das Gusseisen in direktem Erdkontakt steht. Dann sind die Bedingungen für eine allmähliche Oxidation gegeben: Zutritt von Feuchtigkeit und Sauerstoff. Die Bodenlebewesen helfen dabei. Bei normalem Gebrauch hingegen verläuft diese Rostbildung extrem langsam, schafft allenfalls eine wunderbare Patina. Edelstahl dagegen ist geradezu auf Unzerstörbarkeit getrimmt. Und jetzt kommt ein zweiter Aspekt dazu: Wodurch wird diese Unzerstörbarkeit oder hohe Dauerhaftigkeit erreicht? Durch den Einsatz von bestimmten Schwermetallen, die nicht unproblematisch sind. Man nennt Edelstahl ja auch »Cromarganstahl«, weil er das Schwermetall Chrom enthält. Auch Nickel gehört oft zu den Bestandteilen, ebenfalls ein Schwermetall. Beide Metalle sind – Chrom ganz besonders – unter ökologischen Gesichtspunkten problematisch. Deshalb sollte man mit diesen angeblich unzerstörbaren Edelstahlgefäßen in der Küche eine gewisse Vorsicht walten lassen. Edelstahl gibt immer kleine Spuren von diesen toxischen Schwermetallen ab.

Dann wäre unser Rundgang durchs Bad, glaube ich, beendet, es sei denn, wir machen den Spiegelschrank auf, in dem Chemikalien stehen, mit denen wir uns pflegen oder für den Tag schön machen.

Bei diesen Pflegeprodukten ist es einfach. Wir brauchen analoge Stoffe, wie sie unsere Haut in gewisser Weise selbst produziert, wir bilden ja unsere eigenen Lipide und Körperfette.

Wenn wir ein naturstoffliches Produkt benutzen, bleiben wir im ähnlichen Prinzip. Dann ist alles gut.

In der Natur gibt es jedoch nur ganz eingeschränkt das Tensidprinzip, also das Prinzip der »oberflächen- oder waschaktiven Substanzen«. Und die Reinigung geht ja der Pflege voraus.

Das heißt: Die reinigenden Substanzen wie etwa Shampoo oder Duschgel sind deutlich naturfremder als die Substanzen, mit denen wir uns rückfetten.

Mit nicht angetasteten Molekülen aus der Natur können wir kaum waschen. Das ist eine einfache Weisheit, weil es dieses Prinzip des Waschens in der Natur nur in eingeschränkten Bereichen gibt. Es gibt etwa die Waschnuss, die eine Art Saponin enthält, einen waschwirksamen Naturstoff. Saponine kommen auch in anderen Pflanzen vor. Sie sind aber nicht ganz unproblematisch. Saponine werden von der Pflanze ja nicht zur »Körperpflege« benutzt, sondern zur Abwehr.

Damit soll erzielt werden, dass das Tier, das diese Pflanze frisst, dann Schaum vor dem Mund hat. Und das ist ekelerregend; das Tier macht das einmal und nicht wieder. Es ist also eine Schutzfunktion und keine Reinigungsfunktion.

Deswegen hat sich der Mensch nach anderen Möglichkeiten des Reinigens umgeschaut. Und du hast das Stichwort Seife schon genannt. Ein wunderbares Material, sehr unterschätzt und leider zu Unrecht diffamiert. Es gibt – das ist unter stoffpolitischen Gesichtspunkten hochinteressant – eine massive Lobby für sogenannte »pH-neutrale Hautreinigung«. Das läuft auf eine Diffamierung der Seifen hinaus, die ja naturgegeben immer leicht alkalisch sein müssen.

Angeblich sollen sie den Säuremantel der Haut, den wir brauchen, um zu überleben, brutal zerstören.

Was für ein Unsinn. Eine gut gemachte Seife ist nur minimal alkalisch, damit sie diesen seifigen Charakter hat, enthält aber gleichzeitig auch rückfettende Substanzen, ob das nun Wachse sind oder eben pflanzliche Öle und so weiter. Dagegen sind die sogenannten Syndets, also synthetischen Detergentien, reine Petrochemie. Dennoch hat es die Chemielobby seit den 1960er-, 1970er-Jahren geschafft, die seit Jahrtausenden bewährte klassische Seife zu diffamieren und als unmodern und schädlich zu denunzieren. Ein Paradebeispiel für intelligentes, aber doch irgendwie abartiges Marketing, bei dem bewährte natürliche oder naturnahe Stoffe diffamiert werden, um im Markt Platz zu schaffen für synthetische Produkte. Da wird die ganze Klaviatur der Manipulationstaktiken aufgefahren: Die Hautärzte werden eingespannt, mit den üblichen Methoden – indem sie für irgendwelche dermatologischen Studien bezahlt werden –, die Apotheker, selbst die Umweltbewegten, ohne dass sie die Hintergründe auch nur ahnen – und irgendwann wird das zum negativen Selbstläufer, weil niemand das Märchen von der »hautschädlichen Seife« mehr kritisch hinterfragt. Und das Ergebnis ist, dass die echte Seife – ich rede hier von den gut formulierten, gut gekochten Seifen aus hochwertigen pflanzlichen Zutaten – jahrzehntelang einen relativ schweren Stand hatte.

Inzwischen gibt es allerdings eine Renaissance der guten Seifen, weil man gemerkt hat, dass die Syndets zwar pH-neutral sind, aber die Haut tiefgreifend entfetten und damit wieder zu neuen dermatologischen Problemen führen.

Dennoch bleibt in der Welt Bedarf für Tenside, also oberflächenaktive und damit waschwirksame Substanzen, die nicht Seife sind. Gott sei Dank hat die neue Chemie schon vor etwa drei Jahrzehnten durch eine sehr interessante, seltsame Kombination von Zuckerstoffen – pflanzlichem Zucker – und Fettstoffen die sogenannten Zuckertenside entwickelt. Übrigens eine Entwicklung, die sehr stark auch von Henkel gefördert worden ist. Diese Zuckertenside sind eine ganz neue Tensidklasse, die es so vor dreißig Jahren noch nicht gegeben hat. Zuckertenside haben sich als die hautfreundlichsten Tenside herausgestellt, die man sich vorstellen kann. Und das ist für mich kein Wunder – Stichwort »Evolutionsgerechtigkeit« –, die Bestandteile sind Zucker und Pflanzenfett, wo soll da eine Hautunfreundlichkeit herkommen?

»Bad« wird ja immer auch assoziiert mit »Hygiene«. Auch da gibt es ein Problem in der konventionellen Benutzung von Badezimmern, auch wieder ein Ergebnis der Manipulation durch Werbung, nämlich die Furcht vor Keimen. Uns wird seit Jahrzehnten – übrigens besonders massiv aus den USA – eingeredet, wir seien von einem Horrorzoo von Keimen umgeben, die alle nur das Ziel haben, uns zu ermorden.

Dabei brauchen wir die Keime dringend, etwa für unsere Verdauung, aber auch für die Gesundheit unserer Haut.

Das alles läuft unter dem Stichwort »Desinfektion«. Ist das nicht ein genialer Marketingtrick, die Wirkung dieser Stoffe »Des-Infektion« zu nennen?

Als ob ich eine Infektion hätte …

Also muss ich mich desinfizieren … Allerdings gibt es inzwischen eine positive aufklärerische Entwicklung: Immer mehr Wissenschaftler, Verbraucherschützer, aufgeklärte Ärzte sagen, dass diese Idee, wir müssten permanent alles desinfizieren, insbesondere im Badezimmer oder auch in der Küche, etwas ausgesprochen Schädliches ist.

Die amerikanische Besatzungsmacht in Deutschland hatte nach dem Zweiten Weltkrieg unserem Trinkwasser Chlor zusetzen lassen. Die Wasserfachleute waren entsetzt. Es gab keine Möglichkeit, sich zu widersetzen, weil auch die Amerikaner das Wasser ver-

brauchten und sagten: »Wir brauchen gechlortes Wasser. Punkt.« Da war dieser Unterschied in den Auffassungen schon frühzeitig wahrnehmbar.

In der Konsequenz bringt uns das zurück zu unserem Grundthema: Was ist Wohlbefinden, Behagen, Genuss. Gechlortes Wasser kannst du ja in den USA bis heute nicht vermeiden. Selbst in Gegenden, wo man sagt: »Wow, von diesen Bergen kommen klare Flüsse runter, man bräuchte das Wasser doch bloß aufzufangen, das ist ja reinstes Lebensmittel«, wird erst mal gechlort. Wozu führt das? Um einer erzwungenen oder herbeimanipulierten, herbeisuggerierten chemischen Wirkung willen – der Desinfektionswirkung – verzichten wir, wenn wir dieses Wasser akzeptieren, auf einen ganzen Kosmos von Genüssen.

Zum Beispiel einen schmackhaften Tee.

8

DAS NEUE BAUEN

Horst Appelhagen: Biologisch verträgliches Bauen ohne fossile Chemie. Wie geht das?

Hermann Fischer: Natürlich kann ich ein Haus rein organisch bauen, als Blockhaus. Dann muss ich aber die konstruktiven und ästhetischen Grenzen, die jedes Blockhaus hat, akzeptieren. Wenn ich ein Fachwerkhaus baue, habe ich durch die Kombination zwischen Organischem und Mineralischem sehr viel mehr Freiheit. Die Ausfachungen des Fachwerks kann ich entweder ebenfalls organisch füllen, oder ich kann sie zum Beispiel mit Holz ausfachen, das ist bei Häusern im Harz oft gemacht worden: Holzfachwerk und in den Gefachen wieder Holz, Holzstücke.

Oder, das ist neu, mit gepressten Strohballen.

Oder ich mache es rein mineralisch, indem ich die Ausfachungen mit Ziegeln ausmauere, oder – und da wird es besonders raffiniert – in einer intelligenten Materialkombination: Stroh und Lehm.

Die baubiologische Bewegung der 1970er- und dann vor allem 1980er-Jahre hat den naturstofflichen Aspekt in den Vordergrund gestellt. In den 1970ern gab es eine Bauwende mit fast revolutionären Ansätzen, die inzwischen allerdings zu großen Teilen von der Chemieindustrie usurpiert worden ist. Denken wir nur an die absurde Dämmung von Häusern mit rein synthetischen Materialien.

Das Programm der Bundesregierung zur Energieeinsparung aus Klimaschutzgründen unterstützt immer noch diese Monokultur der Styropordämmstoffe, die alles andere als evolutionsgerecht sind.

Allerdings gibt es im Augenblick zum Glück schon wieder eine Gegenbewegung, die aufzeigt, dass die Verwendung von Dämmstoffen wie Polystyrol-Hartschaum – ein auch als Styropor bekannter Schaumkunststoff aus Erdöl – auf den Außenfassaden katastrophale Auswirkungen haben kann. Unter anderem ist die hohe Brandgefahr bei diesem Material ein großes Problem. Da werden dann mühsam alle zwei Meter sogenannte Brandschotts mit eingebaut, damit das Feuer im Brandfall nicht überspringen kann. Allmählich kommt auch das fehlende Entsorgungskonzept dieses Materials, das nur zwanzig, dreißig Jahre lang hält, ans Tageslicht und führt zu enormen Kostensteigerungen. Die naturstofflich orientierte bauökologische Bewegung, von der ich vorhin sprach, hatte hingegen immer evolutionsgerechtes Bauen im Sinn – das heißt: mit Materialien zu bauen, die, wenn ich das Haus völlig sich selbst überlassen würde und es dann irgendwann in sich zusammenfällt, einfach von der Natur quasi wieder in ihre Kreisläufe integriert würden.

Es bleibt also am Ende überhaupt nichts Störendes übrig. Ganz zum Schluss bleibt vielleicht ein Fundament aus Granitsteinen stehen, die man wiederverwenden kann.

Das ist mit Styropor und anderen Plastikmaterialien – Stichwort PVC, Fensterprofile – überhaupt nicht möglich.

Das ökologische Bauen ist wohl deshalb relativ langsam in Gang gekommen, weil sich vor dem Bauherrn, der so bauen will, erhebliche Schwierigkeiten auftun: Handwerker sind nicht genügend geschult, kennen die organischen Materialien nicht und sagen: »Haben wir noch nie gemacht, machen wir nicht.« Das fängt bei AURO-Far-

ben an, dass der Maler sagt: »Dann muss ich ja zweimal streichen.« Bei Farben ist die Überzeugungsarbeit nicht so schwierig, aber finde mal eine Baufirma, die sagt: »Wir machen gerne einen Lehmschlag.« Es gibt wohl nur wenige spezialisierte Unternehmen. Wenn dann tatsächlich mal ein Haus in dieser Art entsteht, spricht alle Welt davon. »Da fahren wir mal am Sonntagnachmittag hin und gucken, wie das aussieht.« In Wolfenbüttel wurde eines gebaut, da stand auch ein großes Hinweisschild, auf dem die Bauweise genau erklärt, die ökologischen Materialien benannt wurden. Ist die Zurückhaltung auf höhere Kosten zurückzuführen?

Nein, so ist es eben nicht. Selbst ein sehr konsequentes ökologisches Bauen führt lediglich zu Mehrkosten in der Größenordnung von maximal zehn Prozent. Der Mehrwert, den man unter ästhetischen, wohnhygienischen, raumklimatischen und sonstigen Gesichtspunkten erhält, ist wesentlich höher als dieser zehnprozentige Aufschlag – wenn er überhaupt nötig ist. Manche Materialen, die nicht industriell gefertigt werden, sind viel preiswerter. Bei wirklich gutem ökologischen Bauen, mit den klassischen organischen und mineralischen Materialien kann man außerdem eine Menge Eigenleistungen erbringen.

Wenn wir uns zuhören, könnte man denken, wir reden nur vom Einfamilienhaus. Lass uns die Perspektive erweitern: auf Mehrfamilienhäuser, Hochhäuser oder auch Gewerbebauten, Hallen und so weiter. Wie sieht in diesen Segmenten ökologisches Bauen aus, ohne fossile Chemie? Auf Stahl wird man bei Hallen und Skelettbauten nicht verzichten können, denke ich. Man wird auf die Betonfertigteile verzichten können. Man kann sicherlich auch sehr viel mehr mit Holz bauen, Holzleimbinder zum Beispiel sind statisch großartig und leisten sehr viel, ermöglichen große Spannweiten.

Diese Technik hat inzwischen eine Professionalität und Eleganz erreicht, die wirklich bewundernswert ist. Abgesehen von der Spannweite kann man mit diesen Leimbinderkonstruktionen fast frei formen, sodass sich auch ästhetisch neue Möglichkeiten eröffnen. Natürlich ist der Leim, mit dem diese Holzteile verklebt sind, heute in der Regel noch petrochemisch basierter Leim, aber er kann sicher in naher Zukunft durch biogene Leime ersetzt werden.

Das ist eine Frage der Forschung, und wenn ich das mal von der Menge her betrachte: Der Gewichtsanteil des Leims beträgt, schätze ich, ein, zwei Prozent des Gesamtgewichts oder sogar noch weniger. Das heißt also: Das wesentliche Material ist ein biogenes, Holz.

Damit kann man im Wohnungs- und Gewerbebaubereich praktisch alles leisten. Man kann heute ohne Weiteres ein acht- oder zehngeschossiges Haus in einer Holzkonstruktion bauen.

In Schweden wurde ein Holzhochhaus mit zweiundzwanzig Etagen gebaut. Das Bauunternehmen wirbt mit der Berechnung, dass im schwedischen Wald in einer Minute der Rohstoff für dreiunddreißig Wohnungen nachwächst.

Die Schwierigkeit war bisher gar nicht primär eine konstruktive, sondern eine regulatorische.

Die Feuersicherheit.

Genau. Bis man festgestellt hat, dass die Feuersicherheit eines gut gemachten Holzbaus eher höher ist als die einer entsprechenden Stahlkonstruktion – die Katastrophe von 9/11 war da auch unter bautechnischen Gesichtspunkten ein Menetekel. Holz hat die vorteilhafte Eigenschaft, dass sich im Brandfall auf der Oberfläche eine Kohleschicht bildet, die dann eine Schutzwirkung hat. Der Trick besteht in einer leichten Überdimensionierung von zehn bis zwanzig Prozent, um gewissermaßen Raum zu lassen für diese Verkohlungsschicht an der Oberfläche, die dann feuerhemmend wirkt.

Bei den Stahlkonstruktionen ist das Problem: Stahl hält wunderbar, bis die Brandtemperatur sechshundert Grad erreicht. Dann wird er fast übergangslos weich wie Butter, und alles stürzt in sich zusammen.

Grundsätzlich ist modernes ökologisches Bauen auch über die engen Grenzen des Häuslebauens hinaus also sehr gut möglich. Und es muss nicht unbedingt immer Holz sein. Im asiatischen Raum gibt es zum Beispiel eine große Erfahrung, mit Bambus hochreichende Konstruktionen zu errichten. Selbst beim Bau von Dutzende Stockwerke aufragender Hochhäuser wird das Baugerüst aus Bambus errichtet.

Das zeigt wieder einmal, welche enorme und noch bei Weitem nicht ausgeschöpfte Leistungsfähigkeit in rein biogenen Materialien steckt.

Wir sprachen ja schon einmal über Naturfaserverbundwerkstoffe. Da gibt es immer wieder interessante neue Entwicklungen. Kürzlich erhielt ich eine Pressemitteilung des Wilhelm-Klauditz-Instituts, das Fraunhofer-Institut für Holzforschung in Braunschweig, zum Thema »Karosserie aus Baumwolle, Hanf und Holz«. Das bestätigt, dass man heute mit naturfaserarmierten, naturfaserverstärkten Polymeren quasi jede mechanische Herausforderung meistern kann. Im Karosseriebau sind die Ansprüche sicher extrem hoch, was die Stabilität betrifft, und der neue Werkstoff funktioniert. In analoger Weise könnte man künftig auch freie Formen im Hausbau realisieren. Ich denke da beispielsweise an die Formensprache der Hundertwasser-Häuser, bei denen allerdings in der Regel mineralische Baustoffe verwandt wurden. Das könnte man mit organischem Material ebenfalls leisten.

Du hast vorhin ein anderes wichtiges Thema angesprochen, das ist die Qualifikation der Handwerker. Die sind ein ganz entscheidender Filter – im günstigen Fall sogar ein Motor – für die neue Chemie. Denn die Ablehnung von neuen Materialien, die man nicht gewohnt ist, die man von den großen Anbietern nicht subventioniert bekommt, ist schon sehr stark ausgeprägt. Sie bröckelt an der Stelle, an der die Verbraucher Druck machen und sagen: »Ich will das einfach nicht – es passt mir aus gesundheitlichen, ökologischen und ästhetischen Gründen nicht.«

Schwieriger wird es im Tiefbau. Wie sehen unsere Straßen und befestigten Oberflächen aus, wenn kein Erdöl mehr zur Verfügung steht, Stichwort »Bitumen«?

Wir sollten es auch einmal von der anderen Seite her betrachten: Im Augenblick sind die bituminösen Materialien, die wir für den Straßenbau und andere Zwecke verwenden, Abfallprodukte. Vereinfacht ausgedrückt: das, was in der Retorte übrigbleibt, wenn ich die Benzine, Naphthastoffe und so weiter aus dem Erdöl herausdestilliere, also das wertvolle Material – dann bleibt dieses zähe, teilpolymere, schwarze Zeug übrig. Wenn wir auf breiter Basis zu einer postfossilen Wirtschaft kommen – weg von den Petrochemikalien –, dann wird nicht mehr in dem Maße Erdöl destilliert werden wie heute, dann fallen diese bituminösen Materialien gar nicht mehr in der Menge an und werden damit auch nicht mehr so preiswert sein. Schon aus diesem Grunde müssen wir uns um Alternativen bemühen. Dass diese bituminösen Materialien keine unbegrenzte Dauerhaftigkeit haben, wissen wir im Übrigen auch.

Das sieht man an jeder Straße.

Das heißt also: Wir müssen nicht nach einem ewig haltbaren Material suchen, sondern nach einem Material, das in Kombination mit Mineralstoffen – das ist beim heutigen Asphalt auch der Fall – eine ausreichende Flexibilität und Stabilität aufweist. Und da reichen die Biopolymere, so wie wir sie heute bereits haben, völlig aus. Ich denke, das Forschungsziel müsste jetzt sein, den organischen Anteil am Asphalt zu minimieren. Dieser Anteil müsste nur so groß sein, dass er die Flexibilität in erwärmtem Zustand gewährleistet. Dafür wären wenige Prozent Anteil ausreichend.

Die gewisse Primitivität und leichte Verfügbarkeit der heutigen Bitumenmaterialien bewirkt, dass ich damit verschwenderisch umgehen kann. Da kommt es auf Schichtdicken und Materialmengen nicht vordringlich an. Wenn ich das hingegen intelligenter fasse, dann lohnt es sich, genauer hinzuschauen: Wie kann ich mit einem Minimum an organischem Material – also mit Biopolymeren – ein Maximum an Effekt erzielen? Diesbezüglich bin ich guter Hoffnung, dass man mit Straßenbelägen, die nur kleinere Prozentsätze an solchem organischen Material enthalten, und Mineralstoffen, die die wesentliche mechanische Leistung erbringen, tatsächlich auch wunderbare Straßen bauen kann. Französische Forscher haben es kürzlich bereits geschafft, aus den Überresten von Algen von der Atlantikküste, aus denen man Kosmetikrohstoffe extrahiert hatte, eine Art »Bioasphalt« mit ausgezeichneten Eigenschaften zu gewinnen.

Das wäre auch im Sinne des Arbeitsschutzes ein Segen. Man braucht nur mal hinter einer Asphaltierungskolonne herfahren: Was da in der Luft ist, ist potenziell krebserregend. Ich frage mich, wie das gewerbeaufsichtsrechtlich überhaupt möglich ist. Normalerweise darf man bei einer Dauerbelastung mit solchen Stoffen nur mit schwerem Atemschutzgerät – also Maske und Pressluftflasche auf dem Rücken – arbeiten.

Und das liegt wiederum in der chemischen Natur des Materials. Diese bituminösen Reststoffe sind nämlich mit polyzyklischen aromatischen Kohlenwasserstoffen, naphtalinähnlichen Stoffen und so weiter angereichert, die per se giftig sind. Dass das vielleicht den Nebenvorteil hat, dass auf diesem Asphalt nicht viel wächst, an Algen, Flechten etwa, steht auf einem anderen Blatt. Ich würde sagen: Allein die Perspektive, diese bituminösen Erdölabfallprodukte durch intelligente biogene Materialien zu ersetzen, hätte für die Menschen, die das zu verarbeiten haben, unglaubliche Vorteile. Das ist ein Aspekt, der überhaupt nicht diskutiert wird.

Weil zu viel wirtschaftliche Interessen dahinterstehen. Und jeder Verbraucher die ebene Straße haben möchte.

Ja, natürlich. Ich sage ja nichts gegen ebene Straßen. Ich bin sogar der Meinung, dass mit den Polymeren der neuen Chemie genauso ebene und sogar noch angenehmer zu befahrende Straßen gebaut werden können. Man weiß heute im Übrigen, dass eine gewisse Rauigkeit der Oberfläche vielfältige Vorteile hat. Die Aquaplaning-Gefahr wird gemindert. Und vor allem die Lärmbelastung sinkt. Wenn du dir diesen sogenannten Flüsterasphalt mal anguckst …

Der ist rau und porös.

Und diese Porosität entsteht nicht durch den Asphaltanteil, sondern durch den mineralischen Anteil. Also: Das Geheimnis von Flüsterasphalt ist die geschickte Kombination von Mineralstoffen unterschiedlicher Korngröße. Und dann braucht es nur noch kleine Mengen von Polymer, um das Ganze sicher festzuhalten. Die Straßen der Zukunft werden also nicht unbedingt schwarz sein.

Also eine rosarote Zukunft der Straßen! Damit kommen wir zum Autobau. Wir haben ja von Henry Ford gesprochen, der bereits mit Hanffasern experimentierte.

Historisch gesehen ist das sehr interessant. Die Forschungen von Ford waren relativ weit gediehen – dann kam der Zweite Weltkrieg und hat diese Entwicklung regelrecht abgeschnitten. Ford wurde gezwungen, sich auf sogenannte kriegswichtige Entwicklungen zu konzentrieren. Da war dann von biogenen Karosserien nicht mehr die Rede, sondern es ging eben um Panzer und Ähnliches. Und nach dem Krieg sind die vielversprechenden Entwicklungsansätze nicht wieder aufgegriffen worden, weil sich rasch eine reine Monokultur des Erdöls herausbildete, die bis heute dominiert, zusammen mit der Illusion einer unbegrenzten Verfügbarkeit.

Ja, erst in der Zeit, in der sich ein Bewusstsein für die Endlichkeit der Erdölressourcen herausbildete, wurden diese früheren Entwicklungen von Ford neu aufgegriffen.

Die heutigen Forscher – wie zum Beispiel die in Hannover am Institut für Biokunststoffe und Bioverbundwerkstoffe von Professor Hans-Josef Endres – sind neu an diese Fragen herangegangen und haben mal geguckt: Welchen Bedarf gibt es in der Automobilindustrie? Der ist ja klar definiert: Ich brauche freie Formbarkeit, niedriges Gewicht und hohe mechanische Stabilität. Alle drei Anforderungen können mit naturfaserverstärkten Polymeren erfüllt werden.

Für den Bau von Fahrrädern wären die neuen Materialien auch geeignet?

Ich denke, ein Fahrrad hat ebenso hohe Stabilitätsanforderungen wie ein Automobilwerkstoff. Denn du musst auf einem Gerüst, das heute maximal achtzehn Kilogramm wiegen soll, einen mehr als hundert Kilogramm schweren Fahrradfahrer unter starken mechanischen Belastungen – Schwingungsbelastungen, Ermüdungsbelastungen und so weiter – sicher transportieren. In Berlin gibt es eine Gruppe (NaWaRo-Fahrrad), die es tatsächlich geschafft hat, Fahrräder aus reinen biogenen Materialien zu konstruieren. Diese Fahrräder sehen toll aus, nutzen zum Teil auch faserverstärkte Konstruktionen, ein gewisser Teil des Gerüstes kann sogar aus Bambus, Holz oder Leimholz sein. Die Reifen kann man ohnehin gut auf Naturkautschukbasis herstellen. Es bleibt ein gewisser metallischer Anteil übrig, für die Mechanik der Bremsen, die Bowdenzüge, die könnte man vielleicht irgendwann aus einem biogenen Nylonanalogon erzeugen. Aber ein bisschen Stahl darf gern noch bleiben.

Der Dynamo wird bleiben.

Der Dynamo wird bleiben. Und da kommen wir auf einen anderen interessanten Aspekt. Jeder kritische Betrachter unseres Konzepts wird sich fragen: »Ja, und der Motor?« Und da ist es tatsächlich so: Solange wir Hochtemperaturprozesse als wesentliches Element der Mobilität haben, also Verbrennungsmotoren, können wir mit biogenen Materialen – selbst mit petrochemisch-biogenen Materialien – keinen Blumentopf gewinnen. Die Entwicklung in Sachen Mobilität spielt uns jedoch, was die neue Chemie betrifft, in die Hände, weil wir einen Großteil der Materialien, die wir für Hochtemperaturprozesse brauchen, dann nicht mehr nutzen müssen. Allein schon dadurch können die Fahrzeuge sehr viel leichter werden: etwa durch die Entwicklung von Brennstoffzellen als Lieferanten elektrischer Energie. Im Vergleich zum Otto- oder Dieselmotor handelt es sich dabei eher um Niedertemperaturprozesse, bei denen man sehr viele biologische Materialien einsetzen kann: für die Membrane, für die Rohrleitungen und anderes. Eine intelligente Kombination aus organischem biogenen Material und Spezialkeramiken – das ist die Zukunft.

9

WERTSCHÖPFUNG FÜR ALLE

Horst Appelhagen: Wir kommen jetzt in die Zielgerade. Wie sieht die Welt in vierzig Jahren aus, wenn die neue Chemie realisiert ist? Sie wird anders aussehen, weil die Regionalität eine Rolle spielt, weil die Abhängigkeit von einzelnen Ressourcen, einzelnen Pflanzenarten geringer ist. Es wird weniger Konfliktpotenzial um die Ressourcen geben, weniger Luft- und Giftbelastung, weniger Müll.

Hermann Fischer: Es ist eigentlich rundum ein Akt der Befreiung des Menschen von diesen Zwängen. Stichwort »Müll« – das ist ein riesiger Komplex, der heute unseren Alltag diktiert, wenn man mit Stoffen arbeitet, die grundsätzlich nur sehr mühsam wieder in biosphärenverträgliche Zustände zurückgebracht werden können. Die neue Chemie, die wir anstreben, hat zum Ziel, dass man die Stoffe, die übrigbleiben, im Idealfall in seinem eigenen Garten – oder zumindest in der Nähe – wiederverwerten oder in seinem eigenen Ofen verbrennen könnte. Das bringt eine große Entlastung der Menschen, sowohl materiell als auch psychisch. Diese Kleinräumigkeit von Kreisläufen erleichtert das Leben.

Obwohl auch die fossile Chemie mit dem Anspruch angetreten war, das Leben zu verbessern.

Ja, aber das ist – bei näherer Betrachtung – misslungen. Der Pferdefuß war viel größer, als selbst die Pessimisten der Anfangszeit befürchtet hatten. Diese Entwicklung war ein Ausfluss des Zeitgeistes und wurde ursprünglich als eine Art Emanzipationsakt verstanden. Dass diese Emanzipation zu zusätzlichen Belastungen, Erschwernissen, Unfreiheiten geführt hat, war damals nicht ohne Weiteres abzusehen.

Diese Möglichkeit muss man zumindest auch für manche Ergebnisse der neuen Chemie mit bedenken.

Ich glaube, wir tun generell gut daran, nicht erneut mit bloßen Heilsversprechen an die neue Chemie heranzugehen. Was uns an der heutigen Politik oft fehlt, ist die Bereitschaft, die Menschen über die Schwierigkeiten aufzuklären, die wir überwinden müssen, um in eine gedeihliche Zukunft hineinzukommen. Wir werden so in Watte gepackt, dass selbst der Innovationsbedarf, über den wir gesprochen haben, immer wieder geleugnet wird. Innovationsbemühungen sieht man eher bei Versuchen, die Pferdefüße des jetzigen Systems zu beseitigen, im System des fossilen Denkens kleine Verbesserungen einzuführen, statt die Menschen auf das einzustimmen, was evolutionsgerecht in der Zukunft möglich ist.

Wir haben über Regionalität gesprochen. Das Markante war ja, dass die neuen Rohstoffe leichter verarbeitbar sind, dass man nicht mehr industrielle Riesenkomplexe aufbauen muss, um wirtschaftlich zu arbeiten. Biogene Rohstoffe braucht man nicht von weit her zu beschaffen, man spart Transportwege und kann auch in kleineren Einheiten wirtschaftlich arbeiten. Das ist ein Element der Regionalität, eine Basis für die zu erwartende Regionalität. Für die Energiewirtschaft hat man es versucht, und die Chance ist bei der Energiewende vertan worden, indem doch wieder die Großen zugreifen konnten und Großstrukturen gebildet haben.

Diese Regionalität wird durch moderne technologische Hilfsmittel unterstützt werden. Das beginnt beim Anbau der pflanzlichen Stoffe.

Da kommt uns aktuell die technologische Entwicklung wohl sehr entgegen. Wir haben in Zukunft die Möglichkeit, sehr viel kleinere, intelligentere Maschinen zu nutzen, um die Äcker zu bestellen. Wir wollen ja nicht zurück zum Ochsenpflug, ganz im Gegenteil. Wir wollen eine Individualisierung der Anbautechnologien, ebenso wie eine Individualisierung der Verarbeitungstechnologien.

Ich denke, man muss die Frage, was im Kern diese Regionalität ermöglicht, noch einmal anders stellen. Denn der entscheidende Faktor ist das Prinzip der Fotosynthese. Warum? In der Welt der fossilbasierten Chemie gelingt die Synthese von komplexen Molekülen tatsächlich am besten in großen Anlagen. In der neuen Welt der Bioökonomie ist die »Anlage« dagegen die Pflanze selbst. Die Stoffsynthese der konventionellen Chemie ist ja ein sehr gewaltsamer Prozess, der von den Menschen ferngehalten werden muss und deshalb in gigantischen Anlagen in Ludwigshafen oder anderswo stattfindet, gut abgeschottet und weit weg von den Menschen. Wenn wir den entscheidenden Elementarschritt der Synthese an die Pflanze delegieren, dann haben wir damit nur Vorteile. Wir hatten schon erwähnt, dass es sich dabei im Grunde darum handelt, die Hochenergiephysik der solaren Lichtquanten herunterzutransformieren in eine biologische Chemie, die sich auf niedrigen Energieniveaus abspielt. Die Pflanze arbeitet dabei wie ein Transformator, der alle Energie sozusagen von extremen, lebensfeindlichen dreihundertachtzigtausend Volt auf verträgliche fünf Volt heruntertransformiert. Die Pflanze transformiert also die solare Hochenergiephysik in eine biologische Niedrigenergiechemie. Diesen entscheidenden Prozess nimmt mir die Pflanze ab. Und das allein macht Regionalität möglich. Das ist aus meiner Sicht ein ganz wesentlicher Aspekt, quasi die Summe unserer Betrachtungen: Die Regionalisierung und damit die Dezentralisierung der neuen Chemie wird im Wesentlichen ermöglicht durch die Fotosynthese als Alternative zur petrochemischen Synthese.

Dieser Prozess von der Umsetzung der Hochenergie zur Niedrigenergie, wie funktioniert er in der Pflanze?

Es gibt diesen Elementarprozess, der die Pflanze in die Lage versetzt, die hochenergetischen Lichtquanten der Sonne aufzunehmen, zu absorbieren. Das Empfangsmedium, quasi die Antenne, welche die Strahlung der Sonne auffängt, ist der grüne Blattfarbstoff, das Chlorophyll.

Die eingefangene Sonnenenergie wird dann chemisch in bestimmten Mikrozyklen, die in der Pflanze stattfinden, weitergeleitet. Die Transformation der Sonnenenergie findet also in zahlreichen aufeinanderfolgenden und zum Teil zyklisch verketteten chemischen Schritten statt, bis die Energie der Sonne schließlich gebunden und gespeichert ist in Produkten des sekundären Pflanzenstoffwechsels wie beispielsweise Glukose oder Stärke. So wie die Höchstspannung einer 380-Kilovolt-Stromleitung in mehreren Schritten heruntertransformiert wird, über Mittelspannung und Niederspannung zur Niedrigstspannung in einem Radio findet eine solche Transformation auch in der Pflanze statt – nur viel komplexer und raffinierter, indem eben das, was da von der Sonne angeschossen kommt, auf dieses Niedrigenergieniveau herabgeführt wird. Dieses gestattet dann der Pflanze, in aller Ruhe – das braucht ja auch Zeit in der Pflanze – Sekundärstoffwechsel zu betreiben und komplexe Moleküle aufzubauen. Wir sehen also in der pflanzlichen Fotosynthese einen großangelegten Transformationsprozess, der die Art von organischem Leben auf der Erde, wie wir es kennen, überhaupt erst möglich macht.

In der Praxis bedeutet das letztlich, dass wir nur schauen müssen, wie dieses eine Prinzip der Fotosynthese sich – wieder mit den Mitteln der Evolution – zu dieser ungeheuren Diversität oder biologischen Vielfalt entwickelt hat.

Wir wollen und können ja nicht alles aus einer Pflanzenart machen, sondern brauchen eine Vielfalt von Pflanzen – je mehr verschiedene, desto besser. Warum? Weil nur die Vielfalt der Pflanzen uns den Zugang zu einer Vielfalt von chemischen Substanzen verschafft. Das ist schließlich ein wesentliches Prinzip der neuen Chemie, dass wir von einer Vielfalt an chemischen Substanzen ausgehen, weil nur sie auch eine Vielfalt an chemisch-physikalischen Funktionen bringt. Welche Funktionen brauchen wir? Zum einen Struktur – Stichworte: Holz, Fasern und so weiter; ferner Bindekraft – Stichworte: Harze zum Kleben, Binden, Fixieren; weiterhin: Farbigkeit, dann noch Düfte, Gerüche und im Bereich der Lebensmittel Geschmackserlebnisse und so weiter. All das basiert im Kern auf mittel- und hochmolekularen Substanzen, die in den Pflanzen synthetisiert werden. Diese hochmolekularen Substanzen brauchen wir in möglichst großer Vielfalt – dann ist die Welt, in der wir leben, spannend, erlebnisreich, genussvoll, lebenswert!

Vielfältigkeit entspricht offensichtlich einem Bedürfnis, auch wenn dieses Bedürfnis in unserer Ära der fossilen Chemie oft durch Manipulation erst künstlich verstärkt und ins Absurde gesteigert worden ist.

Deswegen halte ich es für sehr wichtig, dass wir sagen können: Wir übertreffen die Vielfältigkeit der Petrochemie noch. Einen größeren Reichtum als das, was sich aus den Tausenden von Pflanzen, die wir einsetzen können, gewinnen lässt – selbst wenn wir uns auf in Mitteleuropa zugängliche Pflanzen konzentrieren –, können wir uns kaum vorstellen. Diese Einsicht wird noch durch die Erkenntnis verstärkt, dass die Vielfalt, die wir aus der petrochemischen Produktion kennen, häufig nur eine Pseudovielfalt ist. Nehmen wir das Beispiel der Farben: In der Brillanz und dem Riesenangebot an synthetischen Farbtönen verbirgt sich letztlich nur wieder eine ziemliche Monotonie. Synthetische Farbstoffe haben einfach nicht die Raffinesse, die es im Farbenspektrum der Natur gibt.

Ausnahmsweise auf exotische Pflanzenstoffe zurückzugreifen wäre ja unbenommen.

Genau. Ausnahmen werden immer möglich sein. Um das an einem Beispiel konkret zu machen: In der Farbenherstellung aus Naturstoffen gibt es bei AURO den Grundsatz, möglichst achtzig bis neunzig Prozent regional verfügbare Materialien einzusetzen. Das hindert uns nicht daran, für einen Spezialzweck auch einmal in den Tropen wachsende, nachhaltig gewonnene Wachse oder Harze mit zu verwenden.

Dezentralisierung bedeutet für uns nicht die Ablehnung von internationalen Beziehungen, auch nicht von Warenaustausch, sondern es bedeutet, dass wir den Schwerpunkt da setzen, wo wir die Art des Anbaus besonders transparent gestalten können.

Nebenbei bemerkt – es wird vielleicht nicht jedem gefallen, das so zu sehen –, diese Entwicklung hin zur Dezentralisierung im landwirtschaftlichen Anbau der Grundstoffe für die neue Chemie bedeutet letztlich auch eine Umwandlung der landwirtschaftlichen Prinzipien zu einem konsequent biologischen Anbau, also eine echte Agrarwende, welche die Chemiewende quasi flankiert.

Das ist nicht unrealistisch. Es gibt Untersuchungen, wissenschaftliche Hochrechnungen, dass die Welternährung auf ökologischer Grundlage zu schaffen ist. Das war unser Ausgangspunkt, dass wir keine Welt des Verzichts, der aufgezwungenen Askese propagieren wollen. Unsere Freiheiten sollen durch die Chemiewende nicht eingeschränkt werden.

Deswegen ist es wichtig zu betonen, dass es durch die neue Chemie keine Einschränkungen an Vielfalt, an Wahlmöglichkeit gibt, sondern im Gegenteil eine Ausweitung der Möglichkeiten. Die Welt wird nicht zuletzt vielgestaltiger und interessanter durch die neue Chemie.

Dazu ist viel Forschung erforderlich. Du hast gesagt, dass eine Vielzahl von Forschungsaufgaben auf uns wartet. Wie wird diese Forschungswelt in vierzig Jahren aussehen? Ist dieser von uns geschätzte Zeitraum überhaupt realistisch?

Du meinst, wir sind zu optimistisch? Schauen wir doch einfach mal vierzig Jahre zurück. War das, was wir zum Beispiel an Innovationen im Bereich der Informationstechnologie heute erleben, denn damals denkbar? Die neuen Medien, die Zugänglichkeit von Informationen weltweit, die Archivierungsmöglichkeiten des menschlichen Know-hows, des Wissens? Nehmen wir das Beispiel Wikipedia. Das ist nur ein kleiner Ausschnitt, aber es zeigt, dass heute immer mehr Menschen die Möglichkeit haben, auf Wissen zuzugreifen, dass eine Demokratisierung von Wissen möglich ist.

Die Exklusivität von Wissen, das sogenannte Herrschaftswissen gerät unter Druck – zumindest haben diese Entwicklungen das Potenzial, das zu bewirken.

Und das ist gut so. Menschliche Innovationsleistungen, Menschen mit visionären Fähigkeiten, wie sie etwa Steve Jobs hatte, können Revolutionen in Gang setzen. Warum sollte es dann nicht möglich sein, das ungeheure Kreativitätspotenzial von Chemikerinnen und Chemikern, Technikerinnen und Techniker auf der ganzen Welt so zu lenken, dass die Chemiewende in einem Zeitraum von vierzig Jahren realisiert werden kann? Ich finde den Zeitraum, den wir da gewählt haben, angemessen.

Wir sind von der Frage ausgegangen, wie lang die fossilen Reserven reichen werden. Das war der Einstieg.

Gut, da wissen wir inzwischen, dass es Streckungsmöglichkeiten gibt, beispielsweise durch Fracking wie in den USA. Aber es ist doch so: Unser Umgang mit den fossilen Ressourcen gleicht dem Verhältnis eines Junkies, eines Drogenabhängigen zu seiner Droge. Und was wir in den letzten Jahrzehnten an Suchtphänomenen in Bezug auf die Petrochemie hatten, das war vergleichsweise das elitäre Agieren eines Koksschnupfers. Was wir jetzt hingegen mit dem Fracking erleben – da kommen wir, um im Bild zu bleiben, wirklich auf die Ebene der schmuddeligen Bahnhofsnebenstraßen. Es wird immer dreckiger.

Diese vermeintlich neuen Ressourcen sind ja in Wahrheit keine. Es sind die alten Ressourcen, die nur schwieriger zugänglich sind – und um diese noch schwerer zugänglichen Teersände, Schieferöle und so weiter jetzt auch noch zu mobilisieren, wird unendliches ökologisches Leid angerichtet. Das Grundwasser wird verdorben. Es werden riesige Mengen an Chemikalien eingesetzt, ganze Landstriche werden verwüstet. Das muss man sich nur mal vor Ort angucken, in solchen Fracking-Regionen. In den USA fällt das vielleicht nicht gleich so auf, wenn ein ganzer Landstrich ruiniert wird. Wenn ich mir das gleiche Phänomen hingegen hier, im dicht besie-

delten Mitteleuropa vorstellen soll: unmöglich. Das würde schon an der Akzeptanz in der Bevölkerung scheitern.

Dass wir uns eine kurze Zeitspanne setzen, hat auch eine persönliche Komponente. Ich möchte so viel wie möglich von dieser Chemiewende noch selbst erleben. Und ich möchte vor allem, dass meine Kinder von den positiven Ergebnissen profitieren. Ich möchte, dass meine Enkelkinder gewissermaßen gewohnheitsmäßig in einer Welt aufwachsen, in der die Prinzipien der Regionalität, der Dezentralität, der Vielfalt bereits selbstverständlich geworden sind.

Was muss dazu in den Universitäten und Forschungseinrichtungen passieren?

Ich denke, die Forschungslandschaft wird sich verändern müssen, und zwar weil das Prinzip der Großforschungseinrichtungen, wie wir sie heute haben, den Bedingungen der Regionalisierung nicht optimal angemessen ist. Es wird folglich eine Renaissance der kleineren Forschungseinrichtungen geben, weil nur die in der Lage sind, eine regionalisierte Produktion optimal zu begleiten.

Es entsteht auch eine andere Art von Wahrnehmung, wenn Forschung in der Nähe der Produktion betrieben wird.

Das spricht nicht gegen größere Forschungsverbünde und Institute, die auf manchen Forschungsfeldern sinnvoll sein können. Ich denke, dass der einzelne Forscher, die Individualität des Forschers, heute oft zu sehr eingezwängt ist in ein Räderwerk, zumal die Forschungsorganisationen ja in letzter Konsequenz stark von der Wirtschaft abhängig sind – Stichwort Drittmitteleinwerbung.

In der Entwicklung der neuen Chemie wird der einzelne Forscher wieder zu einer ganz anderen Bedeutung gelangen.

Für mich liegt es im Wesen des Forschens, dass ein Einzelner tatsächlich die Möglichkeit hat, seiner Kreativität freien Raum zu geben. Wir sehen doch: Die großen Durchbrüche sind oft Einzelleistungen. Auch in kleineren Teams ist immer eine Persönlichkeit dabei, die durch ihre visionären Fähigkeiten, ihre Durchsetzungsfähigkeit, ihr Charisma in der Lage ist, die anderen mitzureißen, um solche Durchbrüche zu erleichtern. Ich denke, die Wissenschaftsorganisation wird sich viel stärker in diese Richtung entwickeln. Die neue Chemie wird gewiss nicht daran scheitern, dass wir zu wenig Menschen haben, die das leisten können und wollen. Ich schätze, wir haben in Deutschland etwa fünfzigtausend Chemikerinnen und Chemiker. Es bedarf allerdings bei stärkerer Dezentralität der Forschung auch koordinierender Stellen, die verhindern, dass zu viele Leute am Gleichen forschen.

Manchmal ist es gut, wenn zwei, drei Gruppen parallel zueinander an einem Thema forschen, dann entsteht Wettbewerb. Und dann mögen die Besseren, die die besseren, evolutionsgerechteren Ergebnisse erzielen, gewinnen.

Trotzdem, es braucht eine gewisse Organisation der Forschung. Da sind wir dann schnell wieder beim Staat.

Was kann der Staat tun?

Der Staat muss die Rahmenbedingungen für die Forschung der neuen Chemie schaffen, indem er die Zielrichtung – nämlich eine rein biogen basierte Chemie – klar formuliert; andererseits sollte er den Forscherinnen und Forschern den Weg dahin nicht zu genau vorschreiben, denn das würde die Kreativität hemmen. Ich bin optimistisch, weil gerade in Mitteleuropa viele Menschen mit qualifizierter Ausbildung gute Voraussetzungen bieten. Natürlich wird in der Ausbildung der Chemikerinnen und Chemiker so manches an die Seite gedrängt werden müssen, was heute noch vorherrscht. Heute ist die Ausbildung sehr stark darauf ausgerichtet, eine möglichst perfekte chemische Synthese »ab initio« zu generieren. Ab-initio-Synthesen sind Stoffaufbauten, die bei den einfachsten Kohlenstoffverbindungen ansetzen – und zum Schluss soll dann etwas Hochkomplexes wie ein Hormon herauskommen. Das brauchen wir künftig kaum noch. Wir überlassen die Ab-initio-Synthese den Pflanzen. Die können das viel besser – sowohl quantitativ als auch qualitativ. Die größte Raffinesse bei der chemischen Synthese ist die Herstellung von sogenannten chiralen Molekülen, die eine »Händigkeit« haben, die also strukturell in einer Rechtsvariante und einer Linksvariante vorkommen. Daran arbeiten sich die Chemikerinnen und Chemiker nach wie vor ab. Die Pflanze hingegen macht das tatsächlich mit links, es ist für sie sozusagen eine Selbstverständlichkeit, dass die Welt diese Chiralität aufweist.

Das heißt also, die Forschungslandschaft wird sich stärker dezentralisieren und regionalisieren. Sie braucht klare Rahmenbedingungen und staatliche Unterstützung, so wie es bei der Energiewende letztlich auch versucht wurde – wenn auch erst im Nachhinein und zu wenig durchorganisiert, sodass partiell eine Rückkehr zu industriellen Großstrukturen ermöglicht wurde. Es braucht einen starken Staat, der ein Gesellschaftsmodell hat für die Zukunft. Ein nichtfossiles Gesellschaftsmodell.

Die Art von Forschung, wie wir sie fordern, wird von dem Wunsch und Bedürfnis der Menschen nach einer qualitativen Verbesserung ihres Lebens getragen sein und ist damit zutiefst demokratisch legitimiert, denn das ist keine Forschung für das Wohl einiger weniger, sondern für das Wohl möglichst vieler. Natürlich wird es immer Menschen geben, die sich dem verschließen. Vielleicht gibt es irgendwann noch ein paar skurrile utopische Kolonien von hartnäckigen Anhängern einer fossil basierten Chemie. Warum nicht? Sollen sie es doch versuchen.

Jedenfalls braucht kein Forscher um seine Zukunft zu bangen, eher umgekehrt, die Chancen für junge Forscher werden sich bei diesem Gesellschaftsmodell tendenziell erweitern.

Ganz klar. Wer von der neuen Chemie außerdem profitieren wird, sind die Techniker. Die Ergebnisse der neuen Chemie rufen geradezu nach neuen Technologien: In dem Augenblick, wo ich dezentralisiere und regionalisiere, kann ich ja mit den Technologien der Großkraftwerke, der groß dimensionierten Crackapparaturen in der Chemie, den Großsyntheseanlagen nichts mehr anfangen. Die dahinter stehende Physik und Chemie bleibt zwar dieselbe, aber das Ganze auf regional wirksame Technologien herunterzubrechen stellt geradezu revolutionäre neue Anforderungen. Ich hatte in meinem Buch »Stoff-Wechsel« schon eine dieser Möglichkeiten angedeutet, die sogenannten Mikroreaktoren. Das ist keine Fantasterei, sondern die gibt es bereits. In unserem Unternehmen arbeiten wir sehr intensiv mit Forschern zusammen, die so etwas entwickeln. Wir betreiben in unserem Unternehmen sogar seit einem Jahr eine Anlage zum Einsatz dieser Mikroreaktionstechnik in der Naturfarbenherstellung. Das hat mit den Reaktoren der Großchemie überhaupt nichts mehr gemein – es sind völlig andere Prinzipien wirksam. Nur ein Beispiel: Die konventionellen Großanlagen sind immer noch sehr stark am sogenannten Batch orientiert. Das heißt, da wird in einem Ansatz – in einem Behälter – etwas synthetisiert; dann wird es im nächsten Behälter weiterverarbeitet. Die Mikroreaktionsanlagen dagegen sind Inline-Anlagen. Das heißt: Das Produkt entsteht in einem stetigen Strom der Stoffe. Die Pflanze macht übrigens auch keine Batch-Arbeit – von einem Kessel in den nächsten –, sondern es entsteht ein stetiger Stoffstrom, von der Wurzel nach oben zu den Blättern, Blüten und anderen Pflanzenteilen und quasi im Gegenstrom wieder von den Blättern über die Stängel zu den Wurzeln. Es ist übrigens auch ein stetiger Strom von Sonnenenergie zu den Blättern und von den Blättern zu den einzelnen Reaktionszentren, in denen die Fotosynthese stattfindet. Man sieht das am Wachstum der Pflanze. Das ist ein kontinuierlicher Prozess, kein diskontinuierlicher Prozess im Batch.

Ein Blick auf die Situation der Arbeitnehmer.

Die allgemeine technologische Entwicklung ist im Augenblick sehr stark von der Informationsverarbeitung geprägt. Aber wir haben auch andere Möglichkeiten – und das ist in der Chemie besonders wichtig, in der künftigen Chemie umso mehr. Ich kann nämlich eine neuartige Sensortechnik nutzen, bei der die spezifischen Eigenschaften der einzelnen Naturstoffe genau erfasst werden. Eine Frage kann beispielsweise sein: »Wie ist jetzt im Öl dieser Pflanze das genaue, individuelle Fettsäurespektrum?« Daraus kann ich ableiten: »Was ist demnach der optimale Verarbeitungsprozess für genau diese Pflanze?« Zudem hat ja die Miniaturisierung ermöglicht, dass diese Verarbeitungsschritte nicht mehr in riesigen Anlagen stattfinden müssen, sondern auf kleinstem Raum geleistet werden können. Digitalisierung, Mikrosensorik, Mikromechanik, Mikroreaktortechnik kommen also genau zum richtigen Zeitpunkt für die neue, dezentralisierte und biogene Chemie.

Werden wir mehr Arbeit haben, weniger Arbeit? Welche Berufe werden in den Vordergrund treten, welche werden überflüssig?

Ich denke, eine große Befreiungstat der neuen Chemie wird darin liegen, dass viele Arbeitsplätze näher an den Lebensstätten, an den Wohnorten der Menschen liegen werden, als das bisher der Fall ist. Das ist ein Ergebnis der Dezentralisierung und bringt eine große Entlastung mit sich.

Wenn jemand eine Stunde, anderthalb Stunden zu seinem Arbeitsplatz fahren muss, dann ist das ein Verlust an Lebenszeit, wenig produktiv und auch ökologisch nicht besonders sinnvoll.

Ich hoffe und nehme an, dass es neben den einfacheren Arbeitsleistungen, die bei der Weiterverarbeitung der biogen entstandenen chemischen Stoffe natürlich nötig bleiben, auch zu einer weiteren Qualifizierung kommt. Was gibt mir Anlass zu dieser Hoffnung? Die chemisch-physikalische Vielgestaltigkeit der Produkte der neuen Chemie sowie die Vielgestaltigkeit der dezentralisierten Produktionsprozesse macht den weiteren Arbeitsprozess weniger monoton als bei einer noch so sehr robotikunterstützten Fließbandproduktion.

Die Arbeitsplätze, die bei der Weiterverarbeitung der Produkte der neuen Chemie entstehen, werden also anspruchsvoller und interessanter sein als die Arbeitsplätze in der fossil basierten Großchemie. Und gesünder.

Die Stoffe, mit denen man umgeht, sind gesünder, ästhetischer. Ich will nicht übertreiben, aber das wäre ein Ziel: dass es ein Genuss ist, diese Produkte zu verarbeiten – nicht nur ein Genuss, sie nachher zu verwenden. Ich fände es falsch, wenn der Genuss nachher nur beim Verbraucher wäre und nicht auch beim Verarbeiter.

Dieses Element des Stolzes – ich glaube, das ist etwas, was wir quasi konstitutiv in die Gründungsakten der neuen Chemie einschreiben sollten: dass wir den Menschen, den Forscherinnen und Forschern, den Erzeugern und Verarbeitern der Rohstoffe die Möglichkeit geben, stolz zu sein auf das, was sie da tun. Wir reden von den Landwirten, von den Technikern, welche die Maschinen dafür erfinden, von den Weiterverarbeitern, den Transporteuren und Konsumenten, allen Gliedern der Wertschöpfungskette. Und wo fängt diese Wertschöpfungskette an? Bei der Landwirtschaft. Nenne mir bitte einen heute konventionell arbeitenden Landwirt, der wirklich im Inneren seines Herzens stolz ist auf das, was er da tut. Bei einem meiner Vorträge brach es kürzlich aus einem dieser Landwirte geradezu heraus: »Das ist genau das, warum ich eigentlich Landwirt geworden bin. Was Sie mir da schildern, wie die Landwirtschaft der Zukunft aussehen kann.« Und dabei hatte ich nur gesagt, dass die Landwirte auf Augenhöhe gesehen werden müssen mit allen anderen Folgegliedern der Wertschöpfungskette – und nicht als dumme, aber eben unvermeidlich notwendige Lieferanten von Produkten. Das war für ihn ein Schlüsselerlebnis. Ich habe das dann weitergeführt und gesagt: »Das funktioniert nur, wenn wir folgerichtig auch das, was die Pflanze tut, mit dem entsprechenden Respekt behandeln.«

Dieser Kultivierungsaspekt der Landwirtschaft, der ist völlig aus dem Blick geraten. Im Gegenteil, Landwirtschaft ist heute sozusagen ein Synonym für Entkultivierung, Dekultivierung. Und das muss sich durch die neue Chemie ins Gegenteil umdrehen.

Bei der Wertschöpfung geht es auch darum, wer profitiert, das heißt um Verteilungsgerechtigkeit. Ein Ergebnis der Dezentralisierung ist, dass die Wertschöpfung wirklich einigermaßen gleichmäßig und fair über alle Elemente der Kette verteilt sein wird. Die Superprofite, die wir heute in einigen Bereichen kennen, haben etwas mit Zentralisierung zu tun, mit der Konzentration der Wertschöpfung in einer einzigen Einheit, auf Konzernebene beispielsweise.

Wird die Wertschöpfung auf die einzelnen Prozessschritte verteilt, rentieren sich alle Abschnitte.

Es ist dann unmöglich – oder würde zumindest dem Grundsatz der neuen Chemie völlig zuwiderlaufen –, wenn beispielsweise die Forscher eine Art Monopol konstruieren und den Hauptteil des Profits aus dem Prozess absaugen würden oder die Techniker oder die Landwirte – die ich ja einmal als die Ölscheiche der Zukunft bezeichnet habe – das mit diesem Ölscheichtum übertrieben wörtlich nehmen würden. Die naturgegebene Dezentralität der Pflanzenproduktion verhindert, dass sich in dieser Art von Landwirtschaft Monopole bilden können.

Es wird zumindest sehr viel schwerer, dass sich ein Übermaß an Kapital und Rendite an einzelnen Kettengliedern ansammelt, sondern es wird eine gerechtere Verteilung geben. Und alle werden davon profitieren. Besonders diejenigen, die bereit sind, Eigenverantwortung zu übernehmen.

Du hast das Stichwort genannt, das vielleicht die größte Hürde für die neue Chemie darstellt: Wir sind diese Eigenverantwortung nicht mehr gewohnt. Wir sind so stark geprägt von den vordergründigen Bequemlichkeiten und so daran gewöhnt, Kompetenzen an andere abzugeben, dass es nicht einfach sein wird, den Menschen zu dieser Autonomie zurückzuführen. Es geht letztlich bei der Chemiewende um ein Projekt der Rückgewinnung von Autonomie. Dort, wo wir Kompetenzen abgegeben haben – an die chemische Industrie, an die Petrochemie, an die nachgeschalteten Marketingorganisationen, an die Handelsorganisationen, die das dann umsetzen und die uns mit Beglückungsszenarien versorgen – auf all diesen Feldern müssen wir uns die abgegebene Kompetenz zurückholen.

Es geht also um eine Reautonomisierung von uns Menschen als Verbraucherinnen und Verbraucher und als Beschäftigte. Und weil dabei gegen Gewohnheiten gesteuert werden muss, die über Jahrzehnte aufgebaut wurden, ist die Herausforderung besonders groß.

Diese Kompetenzaneignung war schließlich auch für die Wirtschaft äußerst lukrativ. Ihr konnte bisher nichts gelegener sein als der inkompetente Verbraucher, der konsumiert und schweigt – oder schwelgt.

Gerade in dieser Hinsicht gibt es jedoch ganz aktuell Anlass zur Hoffnung auf einen grundlegenden Wandel. Die Bundesregierung hat erkannt, dass die alten Fundamente des »Made in Germany« zu bröckeln beginnen. Sie hat daher Teams von Experten gebildet, die Konzepte für ein zukunftsfähiges »Nachhaltiges Wirtschaften« entwickeln. Sie ist überzeugt, dass genau hier die Basis für den künftigen Erfolg der deutschen Wirtschaft gelegt wird – gerade auch für den Export, und dass dafür ein grundlegender, geradezu radikaler Wandel erforderlich ist.

Die Grundsätze eines nachhaltigen Wirtschaftens sind beispielhaft in drei Thementeams erarbeitet worden: zum nachhaltigen Konsum, zur nachhaltigen Finanzwirtschaft und zur nachhaltigen Produktion in der Chemie – dort habe ich mitgearbeitet. Und siehe da: Die drei Thementeams sind in ihrer intensiven Arbeit ziemlich genau auf diejenigen zentralen Grundsätze gestoßen, die sich wie ein roter Faden durch unsere Gespräche gezogen haben: Dezentralisierung, Förderung und Nutzung von

Vielfalt, Wiedergewinnung von Autonomie beim Konsumenten und beim Produzenten, Umwandlung der fossilbasierten Wirtschaft in eine Wirtschaft auf regenerativer Grundlage, gerade in der Chemie. Die von uns skizzierte Chemiewende ist also auf einem guten Weg, eine der Grundlagen künftigen Regierungshandelns zu bilden. Da die sich wandelnden Bedürfnisse der Menschen und sogar die Entwicklung innovativer Technologien in die gleiche Richtung weisen, sind die Voraussetzungen für die Chemiewende wohl noch nie so gut gewesen wie heute.